Liebe Leserin, lieber Leser,

kurz nach der Jahrtausendwende schien die Raumfahrt an ein Ende zu kommen, wirkte ausgebrannt, ohne Ideen, ohne Geld, ohne Mut. Alles, was erreichbar war, war erreicht worden. Nur 53 Raketen starteten 2004 in den Weltraum, so wenige wie seit den Anfängen der Raumfahrt nicht mehr. 2011 motteten die USA ihre Spaceshuttles ein: Die größte Raumfahrtnation verlor damit die Fähigkeit, Menschen in den Orbit zu befördern.

Heute ist all das vergessen. Die Raumfahrt ist so beflügelt wie seit ihrer Hochphase nicht mehr. 2022 hoben 180 Raketen erfolgreich ab, ein Rekord. Nicht mehr nur die USA und Russland, sondern ein gutes Dutzend Nationen wollen ihren Einflussbereich in den Weltraum, ja bis auf den Mond vergrößern. Kommerzielle Anbieter mischen den Markt auf, mit neuer Technologie und neuen Geschäftsmodellen, etwa dem Internet für alle aus dem All. Und auch die Nasa feiert Erfolge, die ihr kaum noch jemand zugetraut hat: Sie setzt Rover sanft auf dem Mars ab, besucht Asteroiden, schickt das wohl komplexeste Weltraumteleskop los – und dieses funktioniert auf Anhieb mit atemraubender Brillanz.

In der Euphorie scheint sogar ein Ziel in greifbare Nähe zu rücken, das lange Zeit als zu weit entfernt, als zu komplex für eine astronautische Mission galt: der Mars. Der Besuch eines Menschen auf einem anderen Planeten könnte in den kommenden Dekaden Wirklichkeit werden. Doch für die wohl mehrjährige Reise sind noch viele visionäre Ideen nötig. Einige davon haben wir in dieser Ausgabe für Sie gesammelt.

Wir hoffen, wir können Sie anstecken mit der Begeisterung, neue Horizonte zu erobern.

Herzlich

Martin Scheufens Klaus Bachmann

Redaktion GEOkompakt

STERNSTUNDEN
Im März strahlt ntv die »Lange Weltraum-Nacht« von GEO aus. Mehr Infos finden Sie unter geo.de/astro

[134]
Der neue Blick ins Universum
Das James-Webb-Weltraumteleskop liefert Bilder in ungekannter Schärfe und fulminantem Detailreichtum

[68]
Grüne Helfer für Trips fernab der Erde
Auf langen Missionen müssen die Reisenden sich selbst mit Nahrung und Medikamenten versorgen. Auf der ISS haben sie schon mal Salat angebaut

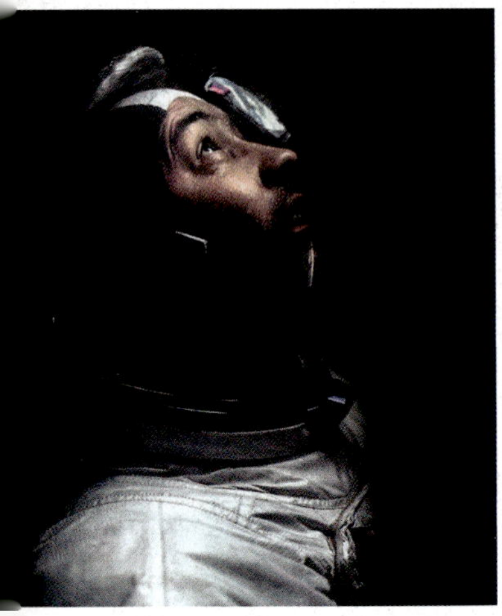

[06]
Hinaus in die Unendlichkeit
Seit mehr als sechs Dekaden schreibt die Raumfahrt Geschichte, sie inspiriert die Gegenwart, formt die Zukunft

[54 + 64]
Wie ist der Alltag auf der ISS?
Die Arbeit auf der Weltraumstation ist hart – dafür belohnt die Aussicht

[104]
Dem Mars so nah
Israels Wüste wandelt sich zum Roten Planeten, als ein Forschungsteam dort minutiös eine Raumexpedition simuliert

[44]
Artemis
Die USA wollen zurück zum Mond. Wie dieses Mal die Landung gelingen soll

[76]
Die Neuen
Ausgewählt aus 22 523: Diese Männer und Frauen fliegen für Europa ins All. Was treibt sie an?

[36]
Alles auf Anfang
Eine gewaltige Kollision ließ den Mond entstehen – stimmt das wirklich?

INHALT

NR. 74

Bis zum Mond ...

... und darüber hinaus

Alle Daten und Fakten sind vom Verifikations- und Rechercheteam im Quality Board auf Präzision, Relevanz und Richtigkeit überprüft worden. Kürzungen in Zitaten werden nicht kenntlich gemacht. Redaktionsschluss dieser Ausgabe: 6. Februar 2023. Weitere Informationen zum Thema und Kontakt zur Redaktion: www.geokompakt.de. Titelbild: Esa/D. Ducros

[86]
Schätze im Staub
Wasser, Sauerstoff, Treibstoff: All das ist schon vor Ort, man muss es nur zu nutzen wissen

[116]
Ikone des Kosmos
Die Ringe und Monde des Saturn geben Aufschluss darüber, wie unser Planetensystem entstand

[128]
Chronist des Himmels
Das Weltraumteleskop Gaia hat fast zwei Milliarden Sterne unserer Heimatgalaxie vermessen

Hinaus in die Unendlichkei

Seit über sechs Dekaden schreibt die Raumfahrt Geschichte, sie inspiriert die Gegenwart und **formt unsere Zukunft.** Sie erweitert die Grenzen unserer Existenz und treibt Wissenschaft und Forschung voran

Text: **Alexander Stirn**

HIMMELSFEUER
Am 16. November 2022 hievt die neue Schwerlastrakete »SLS« der Nasa mit mehrjähriger Verspätung das noch menschenleere »Orion«-Raumschiff ins All

2022

STARTSCHUSS EINER NEUEN ÄRA

Mit viel Getöse hebt im November 2022 die Nasa-Mission Artemis 1 zu einem neuen, alten Ziel ab: dem Mond. Raumfahrtfans halten in Cape Canaveral den Moment mit ihren Handykameras fest. Nicht nur das unterscheidet das aktuelle Mondabenteuer von den Apollo-Flügen Ende der 1960er-Jahre, als die USA schon einmal zum Erdtrabanten aufbrachen. Damals ging es in einem erbitterten Wettstreit mit der Sowjetunion um Prestige, darum, wer als Erstes Fußspuren im Mondstaub hinterlassen würde.

Dieses Mal wollen die USA auf dem Mond bleiben. Sie wollen ihn besiedeln, beherrschen, ausbeuten. Sie wollen Geld verdienen und den Erdtrabanten als Sprungbrett für Flüge in die Tiefen des Sonnensystems nutzen. Und sie machen all das nicht mehr allein: Mit an Bord ist erstmals auch Europa. An der Spitze der Rakete, verborgen hinter dem gleißend hellen Lichtpunkt, der in dieser Nacht den Himmel über Florida erleuchtet, sitzt ein europäisches Antriebs-, Versorgungs- und Logistikmodul – zusammengeschraubt in Bremen (siehe »Artemis – auf gemeinsamer Mission«, Seite 44). In einigen Jahren, so der Plan, sollen mit Artemis sogar Raumfahrende aus Europa in Richtung Mond aufbrechen.

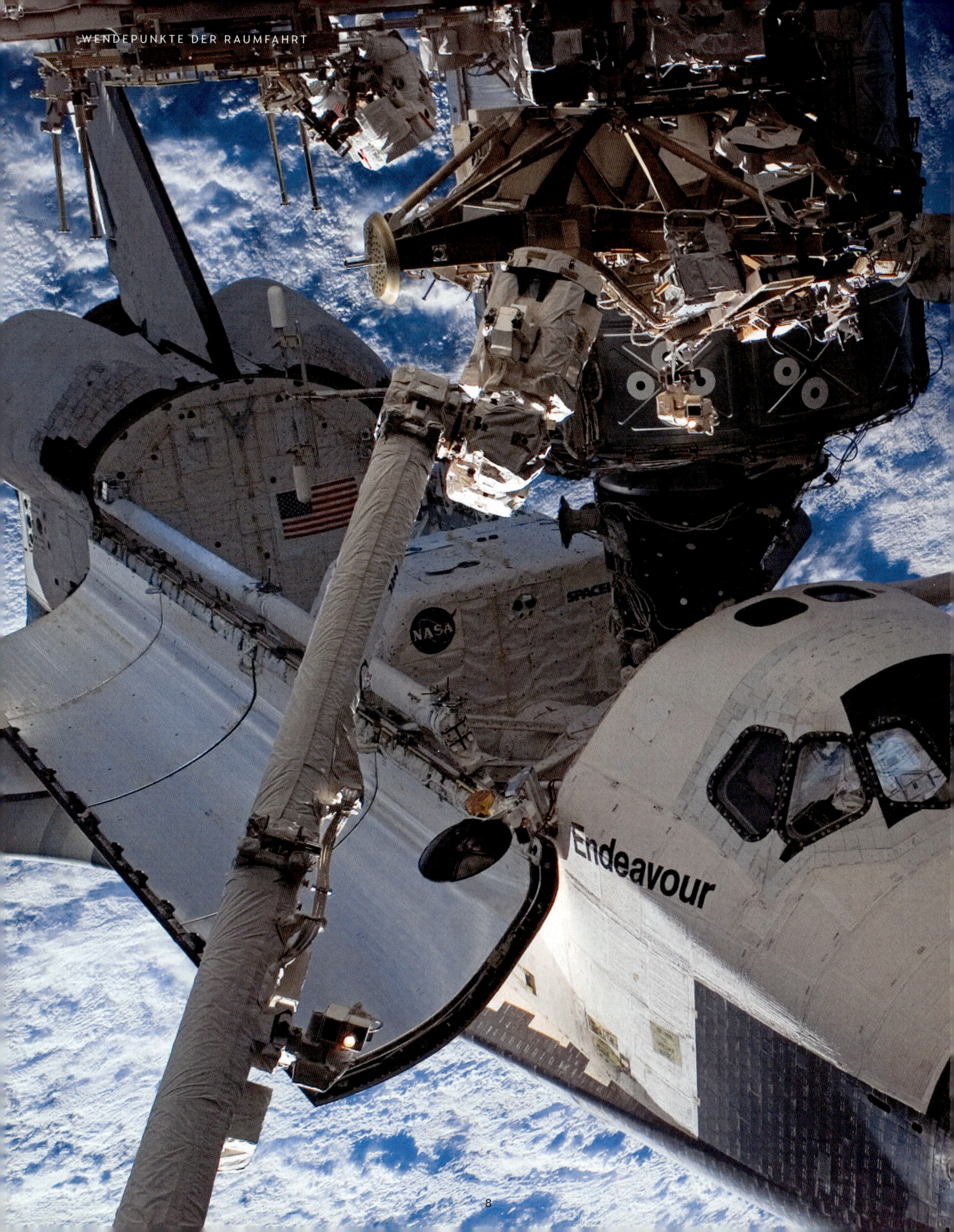
NASA
Endeavour

2000

WEIT DRAUSSEN EIN ZUHAUSE

Über 420 Tonnen schwer, 109 Meter lang, fast so geräumig wie ein Jumbojet und gespickt mit 350 000 Sensoren: Die mit Abstand größte Struktur, die die Menschheit bislang im Erdorbit montiert hat, die Internationale Raumstation ISS, ist ein Koloss und ein fragiles Objekt zugleich. Nur wenige Millimeter Aluminium und ein paar schützende Kunststoffschichten trennen die Bewohner*innen vom Vakuum des Weltalls.

Bislang klappt das gut: Seit November 2000 ist die Raumstation, für deren Aufbau und Betrieb sich fünfzehn Staaten zusammengeschlossen haben, permanent bewohnt. Insgesamt 42 Raumflüge, davon allein 37 mit den US-amerikanischen Spaceshuttles, waren nötig, um die Wohnmodule, Solarzellen und weiteren Komponenten in eine Höhe von gut 400 Kilometern zu bringen. Es sollte nicht bei diesen Missionen bleiben: Die Station, auf der im Normalfall sieben Menschen wohnen, forschen und arbeiten, ist wartungsintensiv. Mal fällt eine der Toiletten aus, mal muss ein Raumanzug erneuert werden, mal spielt die Stromversorgung verrückt. Trotzdem soll die ISS bis ins Jahr 2030 den Betrieb durchhalten. Erst dann könnten kleinere, kommerzielle Stationen die Aufgaben des fragilen Kolosses übernehmen.

ANGEKOMMEN
Die Raumfähre »Endeavour« dockt im August 2007 an die Internationale Raumstation an. Sie liefert einen Teil der tragenden Gitterstruktur. Es ist der 26. Flug zum Aufbau des orbitalen Außenpostens

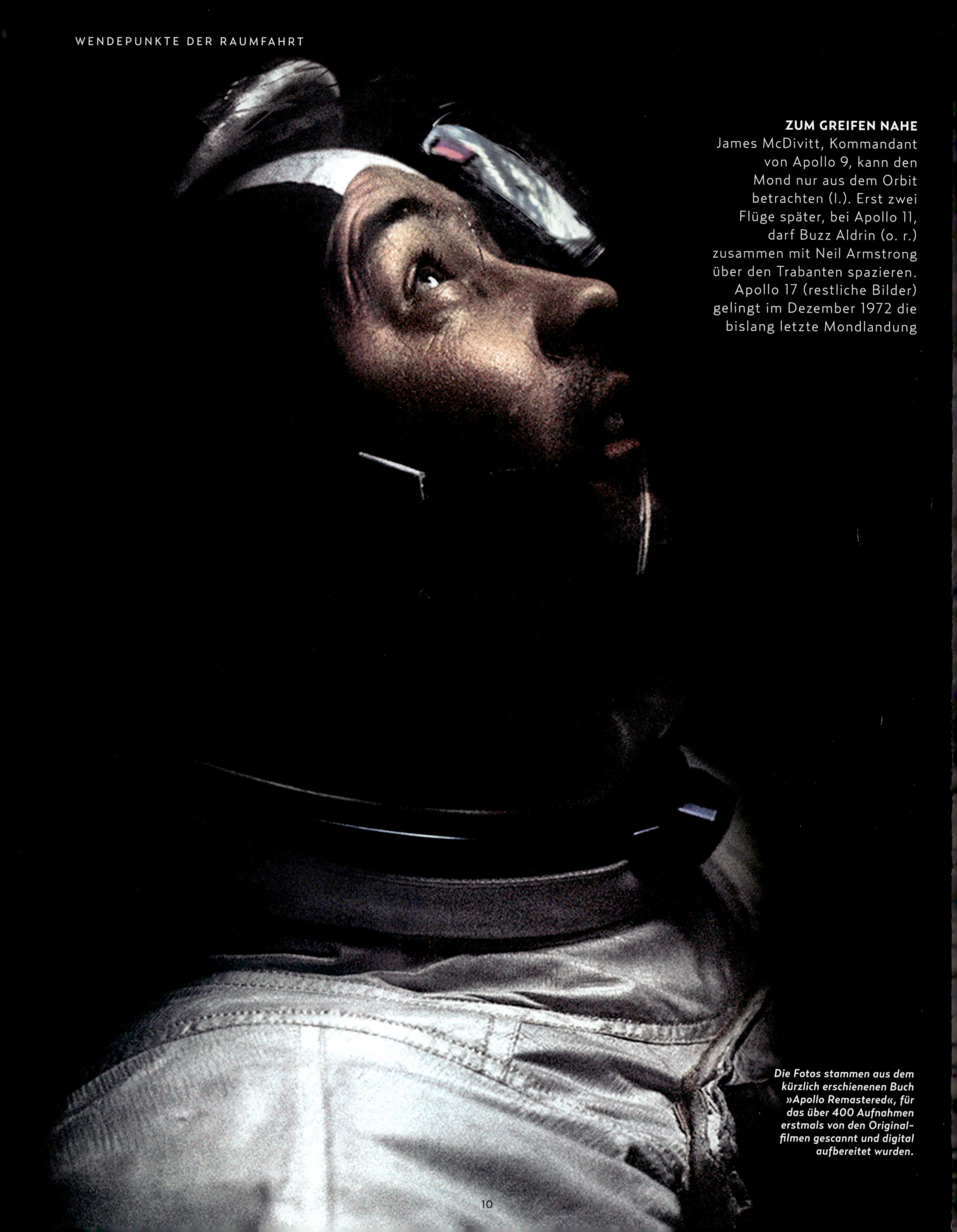

ZUM GREIFEN NAHE
James McDivitt, Kommandant von Apollo 9, kann den Mond nur aus dem Orbit betrachten (l.). Erst zwei Flüge später, bei Apollo 11, darf Buzz Aldrin (o. r.) zusammen mit Neil Armstrong über den Trabanten spazieren. Apollo 17 (restliche Bilder) gelingt im Dezember 1972 die bislang letzte Mondlandung

Die Fotos stammen aus dem kürzlich erschienenen Buch »Apollo Remastered«, für das über 400 Aufnahmen erstmals von den Originalfilmen gescannt und digital aufbereitet wurden.

1969

STERNSTUNDE DER MENSCHHEIT

Etwa 600 Millionen Menschen, ein Fünftel der Weltbevölkerung, sitzen vor dem Fernseher, als Neil Armstrong in der Nacht vom 20. auf den 21. Juli 1969 Geschichte schreibt. Und was für eine Geschichte: Mit beinahe den letzten Tropfen Treibstoff und geplagt von unablässigen Warnungen des Bordcomputers setzt der Astronaut seine Landefähre sicher auf dem Mond auf. Wenig später hinterlässt er als erster Mensch Spuren im Staub des Erdtrabanten. Es ist der fulminante Höhepunkt eines lange geplanten Projekts: Geschätzt 400 000 Männer und Frauen arbeiten seit 1961 am US-amerikanischen Apollo-Programm. Sie entwickeln Raumschiffe, bauen Raketen, planen Missionen. Rund 270 Milliarden Euro, umgerechnet auf die heutige Kaufkraft, kostet das Abenteuer.

»Wir kamen in Frieden für die gesamte Menschheit« steht auf einer Plakette an einem Bein der Mondfähre. Dennoch ist die Landung von Apollo 11 vor allem ein Sieg für die USA, die sich im Wettstreit mit den Sowjets, die im Weltall lange Jahre führend waren, nun durchgesetzt haben. Fünf weitere Mondlandungen werden folgen, bevor im Dezember 1972 der bislang letzte Mensch den Erdtrabanten verlässt. Das Interesse der Fernsehzuschauenden hat da längst merklich nachgelassen.

PUNKTLANDUNG
Die erste Antriebsstufe einer »Falcon 9«-Rakete von SpaceX geht 2016 auf einem Schleppkahn vor der Küste Floridas nieder. Es war ihr dritter Flug ins All

2015

ÜBERFLÜGELT VON DEN NEWCOMERN

Science-Fiction? Nein, SpaceX. Eine Rakete, die nach getaner Arbeit aus dem Weltall zurückkehrt, abbremst, auf ihrem Abgasstrahl tänzelt und dann senkrecht landet, als sei dies das Allereinfachste – das hat die Welt bis zum Dezember 2015 nicht gesehen. Inzwischen ist es Routine: Mehr als 160 erfolgreiche Raketenlandungen stehen in den Büchern des privaten Raumfahrtunternehmens. Mit seiner neuen Technik hat SpaceX die Branche aufgemischt, die jahrzehntelang ihre ausgedienten Raketen verglühen oder ins Meer stürzen ließ. Nun gilt: Raketenrecycling statt Wegwerfware.

Mehr noch: Das Unternehmen von Elon Musk hat gezeigt, dass es einen Weg jenseits der oft trägen und verkrusteten Strukturen der alten Raumfahrtkonzerne gibt. Neu, forsch, mit Mut zum Risiko. Längst ist SpaceX damit nicht mehr allein. Viele Start-ups, auch in Europa, folgen dem großen Vorbild und entwickeln eigene Raketen, Raumsonden und Geschäftsmodelle rund um den Orbit. Noch sind viele dabei auf Aufträge und Subventionen der staatlichen Raumfahrtagenturen angewiesen. Doch die Hoffnung ist groß, dass neue Ideen und sinkende Preise einen privaten Raumfahrtmarkt beflügeln.

1960
С Новым годом!

EIN WILDER RITT
Sozialistische Neujahrsgrüße von 1960 (l.) – dem Jahr, in dem Weltraumhund Strelka (u.) als eines der ersten Lebewesen wohlbehalten aus dem Orbit zurückkehrt. Oben: Sowjetische Forschende verfolgen 1957 Sputnik 1

1957

DIE GLORREICHEN ANFANGSTAGE

Ohne schützenden Anzug auf einem Raumschiff durchs All zu reisen, wie auf dieser sowjetischen Neujahrskarte aus dem Jahr 1960, ist vielleicht nicht die beste Idee. Doch den Sowjets sei es verziehen, schließlich erleben sie Anfang der 1960er-Jahre eine gewaltige Weltraum-Euphorie: Gerade einmal zwei Jahre ist es her, dass die UdSSR den ersten Satelliten in eine Umlaufbahn gebracht hat. 92 Tage lang kreiste Sputnik 1 um die Erde, beobachtet von sowjetischen Wissenschaftler*innen und bestaunt von der ganzen Welt. Die ersten Lebewesen, darunter die Hunde Strelka und Belka, kehren im selben Jahr unbeschadet von einem Ausflug in den Orbit zurück. Und auch der Start von Juri Gagarin, des ersten Menschen im All, in die Erdumlaufbahn ist nur noch ein Jahr entfernt.

Es ist die goldene Ära der sowjetischen Raumfahrt – und das zu einer Zeit, als die Raketen der Vereinigten Staaten reihenweise auf der Startrampe explodieren. Verantwortlich für den sowjetischen Erfolg ist Chefkonstrukteur Sergej Koroljow. Bilder des genialen Raketenbauers gibt es zu dieser Zeit allerdings kaum – schon gar nicht auf Neujahrskarten: Die UdSSR hält Koroljows Existenz geheim, aus Angst vor Attentaten westlicher Geheimdienste.

1993

REPARATUR IN GROSSEN HÖHEN

Es hatte ein Triumph werden sollen und wird ein Desaster: Die ersten Bilder, die das neue, sehnsüchtig erwartete Weltraumteleskop Hubble 1990 zurück zur Erde funkt, sind unscharf. Ein Spiegel des rund 1,5 Milliarden Euro teuren Observatoriums ist auf der Erde falsch geschliffen worden. Game over? Nein: Im Dezember 1993 startet eine siebenköpfige Crew mit einem Spaceshuttle ins All und verpasst dem fehlsichtigen Teleskop eine Sehhilfe. Vier weitere Besuche folgen: Astronaut*innen kümmern sich nicht nur um einen besseren Durchblick, sie bringen auch Hubbles wissenschaftliche Instrumente auf den neuesten Stand und tauschen defekte Steuerelemente aus.

Der Aufwand lohnt sich. Hubble gelingt es, tiefer und schärfer ins Universum zu blicken als alle Teleskope zuvor. Das Observatorium beobachtet die Geburt von Sternen und Galaxien, es entdeckt ferne Planeten, es spürt Schwarze Löcher auf. Kurz: Hubble revolutioniert die Astronomie. Inzwischen hat ein neues Observatorium, das James-Webb-Weltraumteleskop (JWST), viele Aufgaben des alternden Veteranen übernommen. Während Hubble etwa 500 Kilometer über der Erde kreist, ist JWST allerdings 1,5 Millionen Kilometer entfernt. Kurz hinfliegen, Hand anlegen und dabei freundlich winken ist somit keine Option mehr.

JOB MIT TOLLER AUSSICHT
US-Astronaut Steven Smith verlässt im Februar 1997 die Raumfähre »Discovery«, um während eines Außeneinsatzes das Weltraumteleskop Hubble (o. r.) zu reparieren.

SELTEN VEREINT
Am 17. Juli 1975 treffen sich Kosmonaut Alexei Leonow (rechts) und Astronaut Deke Slayton im Rahmen eines sowjetisch-amerikanischen Gemeinschaftsprojekts im Erdorbit

1975

DIE ÜBERWINDUNG IRDISCHER GRENZEN

Ost trifft West in dieser Umarmung in 230 Kilometer Höhe. War der Wettlauf zum Mond in den 1960er-Jahren noch ein erbitterter Kampf zwischen den USA und der Sowjetunion, entspannt sich nach Amerikas Triumph die Situation – zumindest im Weltraum: Dem Kalten Krieg zum Trotz koppeln im Juli 1975 eine amerikanische »Apollo«-Kapsel und ein sowjetisches »Sojus«-Raumschiff im Erdorbit aneinander. Wenig später posieren Astronaut Deke Slayton und Kosmonaut Alexej Leonow eng umschlungen für die Kameras. Im Orbit, so die Botschaft, gibt es weder Grenzen noch Konflikte.

Es bedarf allerdings des Zusammenbruchs der Sowjetunion, bis westliche Astronaut*innen regelmäßig zu einer russischen Raumstation fliegen dürfen: der Mir. Ende der 1990er-Jahre beginnen Ost und West schließlich, als Höhepunkt der Freundschaft im All, mit dem Aufbau der Internationalen Raumstation ISS. Noch heute beschwört die Politik nur zu gern die friedensstiftende Wirkung der Station und der astronautischen Raumfahrt. Doch was im Orbit passiert, überträgt sich nicht auf die Erde – und andersherum: Trotz der russischen Annexion der Krim im März 2014 und dem Überfall auf die Ukraine im Februar 2022 arbeiten Nasa und Esa weiterhin mit Roskosmos auf der ISS zusammen.

INFERNO
Cape Canaveral, 28. Januar 1986: 73 Sekunden nach dem Start explodiert die Raumfähre »Challenger« mit sieben Menschen an Bord

1986

TÖDLICHE ROUTINE

Kalt ist es an diesem Tag in Florida, die Temperaturen kratzen am Gefrierpunkt. Eigentlich zu kalt für die empfindliche Technik des Spaceshuttles. Doch die US-Weltraumbehörde Nasa will im Januar 1986 unbedingt starten, schließlich hat sie den Flug der Raumfähre »Challenger« schon mehrfach verschieben müssen – und schließlich ist bislang immer alles gut gegangen. Doch dieses Mal geht es nicht gut. 73 Sekunden nach dem Start endet die Mission, der 25. Flug eines Spaceshuttles, in einem Feuerball. Ein Dichtungsring hat nachgegeben, vermutlich aufgrund der eisigen Temperaturen. Treibstoff entzündet sich, das Shuttle bricht auseinander. Die sieben Astronaut*innen an Bord haben keine Chance.

Die »Challenger«-Katastrophe, live übertragen bei CNN, zeigt einmal mehr, wie riskant astronautische Raumfahrt ist. Vor allem aber zeigt sie, wie riskant es ist, auf Routine zu vertrauen: Die Probleme mit dem Dichtungsring waren lange bekannt, wurden aber ignoriert, weil nichts passiert war. Das Muster wird sich siebzehn Jahre später wiederholen, als die Schwesterfähre »Columbia« bei der Rückkehr zur Erde auseinanderbricht – wegen eines Schadens am Hitzeschutz, einem ebenfalls lange bekannten Problem.

2021

WEGBEREITER AUS METALL

Ein besonderes Kunststück gelingt dem rollenden Forschungsroboter Perseverance im September 2021: ein Selfie auf dem Mars. Mithilfe einer Kamera am Ende seines gut zwei Meter langen Armes lichtet sich der Rover aus unterschiedlichen Perspektiven ab. 57 Detailaufnahmen entstehen. Da sich diese stark überlappen, können beim Zusammensetzen der einzelnen Fotos zu einem großen Bild sogar die Spuren des Roboterarmes getilgt werden.

Eigentlich hat Perseverance, der fünfte Mars-Rover der USA, andere, wichtigere Aufgaben. Er soll auf dem heute trockenen Mars – der in seiner Frühzeit potenziell lebensfreundliche Bedingungen bot – nach Spuren einstigen Lebens suchen. Auch China ist seit Mai 2021 mit einem eigenen Rover auf dem Mars aktiv, während ein in Europa gebauter Roboter noch immer auf seinen Start wartet.

Nächstes großes Ziel sowohl der USA als auch Europas ist es, mithilfe robotischer Sonden Bodenproben vom Mars zur Erde zu bringen und damit zu zeigen, dass Astronaut*innen für die wissenschaftliche Erkundung des Alls eigentlich nicht nötig sind. Trotzdem, so der Traum, sollen irgendwann auch Menschen auf dem Mars landen – und dann ganz bestimmt Selfies machen.

BITTE LÄCHELN
Am 10. September 2021, dem 198. Arbeitstag seiner Mission, bohrt der US-Mars-Rover »Perseverance« zunächst einen Felsbrocken an (M.) und lichtet sich dann selbst ab

2023

TECHNOLOGIE DER ZUKUNFT

Die Raumfahrt, das liegt in ihrer Natur, geht gern an die Grenzen des Machbaren. In technischen Dingen ist sie bislang allerdings eher konservativ unterwegs. So tanken die aktuellen Raketen des Raumfahrtunternehmens SpaceX noch immer das gleiche Treibstoffgemisch wie jene Rakete, die vor mehr als 65 Jahren Sputnik, den allerersten Satelliten, ins All brachte. Innovationen, gar Experimente, gelten meist als riskant und teuer, selbst bei Vorreitern wie SpaceX.

Inzwischen ändert sich das. Eine Reihe von Start-ups ist angetreten, die mitunter träge Raumfahrtbranche aufzumischen. Relativity Space, ein junges Unternehmen aus Kalifornien, will seine Raketen drucken und nicht mehr – wie es seit 65 Jahren praktiziert wird – aus Aluminiumblechen zusammenschweißen. Riesige 3-D-Metalldrucker stehen dazu in den Werkshallen, angeblich die größten der Welt. Sie schaffen es, behauptet Firmengründer Tim Ellis, eine Rakete in zwei Monaten zu produzieren, bestehend aus weniger als tausend Teilen – nicht wie bei konventionellen Raketen aus rund 100 000 Komponenten. Auch beim Antrieb geht Relativity Space, wie viele Raketen-Start-ups, neue Wege: Flüssiges Methan soll das dreckige Kerosin ersetzen, das seit Sputnik kaum infrage gestellt worden ist.

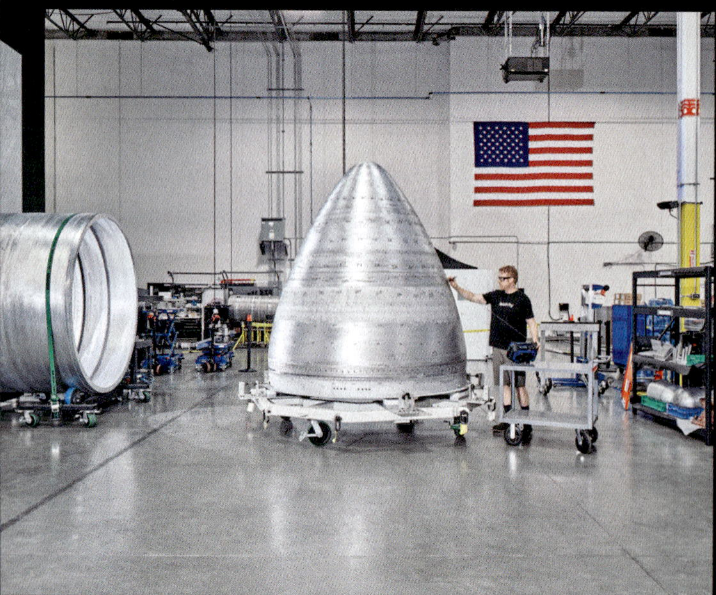

GEDRUCKTES METALL
Der Stargate-Drucker des Start-ups Relativity Space kann bis zu zehn Meter lange Raketenstufen fertigen (r.). Selbst die konisch geformte Spitze der Raketen wird so hergestellt (l.). Noch müssen die Druckerzeugnisse von Hand kontrolliert werden (o.)

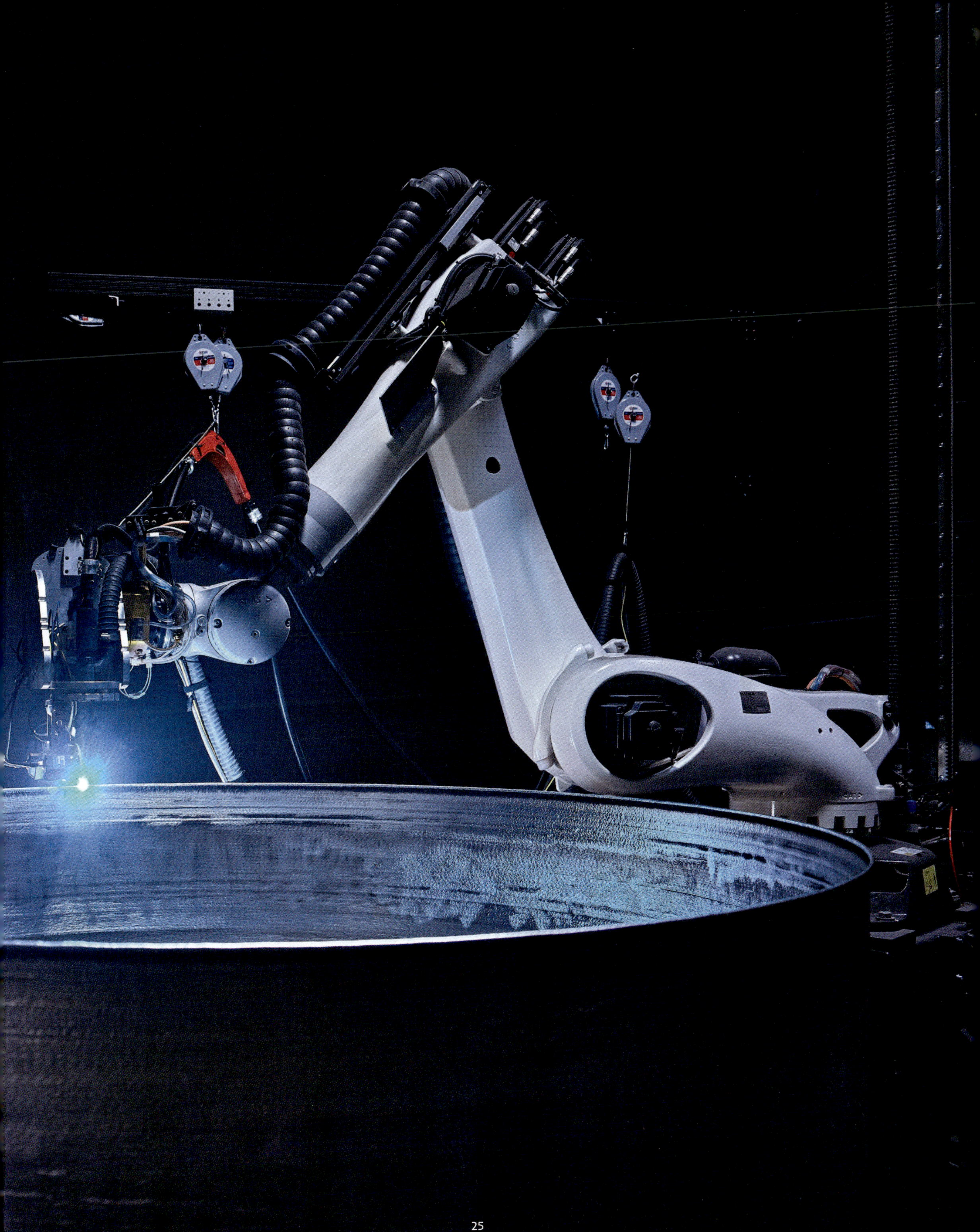

Neuer Wettlauf zum Mond

Am 4. August 2022 startet erstmals eine südkoreanische Sonde Richtung Mond. »Danuri« soll einen Landeplatz für eine zukünftige Mission ausspähen

Als Reiseziel war der Erdtrabant aus der Mode gekommen. Doch bald wird es eng auf ihm: Staaten und Unternehmen wittern das große Geschäft, wollen Claims abstecken und Rechte durchsetzen

Text: **Alexander Stirn**

D

Die USA wollen es, Thailand will es. Europa und Russland wollen es, China sowieso, aber auch Mexiko, die Türkei und die Vereinigten Arabischen Emirate. Sie alle wollen dasselbe Ziel im All ansteuern, entweder noch 2023, auf jeden Fall aber in den folgenden Jahren. Sie alle wollen zum Mond.

106 geplante Mondmissionen von neunzehn Staaten und Raumfahrtagenturen hat das Center for Strategic and International Studies (CSIS), eine außenpolitische Ideenschmiede in Washington, 2022 in einer Analyse gezählt. Landesonden und Roboterfahrzeuge sind darunter, zudem Satelliten für die Navigation, Kommunikation und Überwachung des Mondes. Zusammen sollen sie die Logistik bereitstellen für ein großes Ziel: die Nutzung, um nicht zu sagen die Ausbeutung des Erdtrabanten.

Fünf Jahrzehnte nach der bislang letzten Landung von Menschen auf dem Mond ist ein neuer Wettstreit im All ausgebrochen. Während es in den 1960er-Jahren, beim Rennen zwischen den USA und der Sowjetunion, vor allem ums Prestige ging, um Nationalstolz und um die eigene Flagge im Mondstaub, geht es diesmal ums große Geschäft – oder zumindest um die Hoffnung darauf. Staaten und Unternehmen wollen Claims abstecken und rechtliche Rahmenbedingungen zu ihrem Vorteil durchsetzen. Sie stürzen sich in eine Art Goldrausch in 380000 Kilometer Entfernung – allerdings ohne zu wissen, ob dort überhaupt Reichtum zu holen ist.

Die USA rammten bei jeder ihrer sechs Landungen zwischen 1969 und 1972 eine Fahne in den Mondboden. Chinas Rover »Chang'e 5« zeigte 2020 Flagge

„Jahrzehntelang galt der Mond als toter Klotz, der allenfalls für Ebbe und Flut auf der Erde verantwortlich ist", sagt Walther Pelzer, Chef der Deutschen Raumfahrtagentur. „Doch dann wurde Wassereis auf dem Mond entdeckt, und er wurde plötzlich wieder spannend." Sollten Menschen eines Tages auf dem Mond überleben wollen, wäre Wasser, sofern es aus dem Mondstaub extrahiert werden könnte, ein wichtiger Rohstoff. Nicht nur zum Trinken: Aus Wasser ließe sich Sauerstoff zum Atmen gewinnen sowie Wasserstoff, ein wichtiger Treibstoff für Raumschiffe (siehe „Schätze im Staub", Seite 86).

Den neuen Mondhype löste zudem eine Ankündigung der USA aus: Im Jahr 2025, vielleicht wird es aber auch deutlich später, wollen die Vereinigten Staaten wieder mit Menschen auf dem Mond landen (siehe „Artemis – auf gemeinsamer Mission", Seite 44). Anschließend wollen sie eine Basis errichten; selbst von einer permanenten menschlichen Präsenz auf dem Erdtrabanten ist die Rede. China verfolgt, gemeinsam mit Russland, ähnliche Ziele: Dreizehn Raketenstarts sollen bis 2035 das Fundament legen für eine „International Lunar Research Station", eine zunächst robotische Mondbasis.

Um die hehren Ziele zu erreichen, müssen Menschen und Roboter auf dem Trabanten landen, müssen kommunizieren, müssen Behausungen und Labore bauen, müssen Ressourcen abbauen und verarbeiten, brauchen Nachschub. Viele Raumfahrtfirmen – etablierte Konzerne genauso wie Newcomer – hoffen auf das große Geschäft.

Die US-Raumfahrtbehörde Nasa setzt gezielt auf die Unterstützung der Unternehmen, mit ihrem Programm „Commercial Lunar Payload Services", kurz CLPS. Die Idee: Die Raumfahrtbehörde schreibt gut dotierte Aufträge für den Transport von wissenschaftlichen Instrumenten und Roboterfahrzeugen zum Mond aus. Die Firmen, die den Zuschlag erhalten, entwickeln dann auf eigene Faust und auf eigene Kosten entsprechende Raumfahrzeuge. Wenn diese starten, dürfen die Firmen weitere Nutzlast mitnehmen und so Geld verdienen, während sich die Nasa nur als eine Kundin unter vielen sieht.

Knapp 2,5 Milliarden Euro stehen der US-Raumfahrtagentur in den kommenden Jahren für CLPS zur Verfügung. Acht Aufträge an unterschiedliche Start-ups hat sie bislang vergeben. Während auf den ersten Flügen nur rund hundert Kilogramm Fracht eingeplant sind, wollen die kommerziellen Anbieter in späteren Missionen zunehmend schwerere Ladungen transportieren, bis hin zu Roboterfahrzeugen, Rover genannt. „Die Logistik zu kommerzialisieren ist ein Milliardenmarkt", sagt Walter Pelzer. Noch muss sich allerdings zeigen, ob die Unternehmen auch abseits der Nasa-Aufträge davon leben können.

Nicht nur zum Mond, auch zur Internationalen Raumstation (ISS) hat die US-Raumfahrtagentur den Transport von Technik, Nachschub und Menschen in private Hände gelegt. Doch das erhoffte kommerzielle Frachtgeschäft mit den im Rahmen des Nasa-Programms geförderten Raumfahrzeugen ist bislang ausgeblieben; die beiden einsatzfähigen Frachtkapseln „Crew Dragon“ und „Cygnus“ starten allesamt nur für die Nasa zur ISS. Lediglich bei Flügen mit Menschen konnte SpaceX, derzeit der einzige Anbieter im Nasa-Programm, den einen oder anderen Verkaufserfolg erzielen: mit Trips für zahlungskräftige Weltraumreisende.

Entsprechend übersichtlich ist auch das Interesse bei den ersten kommerziellen Mondmissionen. Als eines der ersten Unternehmen will in diesem Jahr Astrobotic Richtung Mond starten. Doch die meisten der zugebuchten Frachten, die Astrobotic für diese Reise auflistet, sind skurril: Eine Kryptoplattform von den Seychellen will eine Münze hochschicken, auf der ein Bitcoin gespeichert ist. Der deutsche Logistikanbieter DHL wirbt, gegen Bezahlung persönliche Erinnerungsstücke zum Mond zu bringen. Und die US-Unternehmen Elysium Space und Celestis bieten jeweils an, die Asche Verstorbener auf dem Erdtrabanten abzusetzen.

Das Gros der Frachten auf den bereits geplanten Missionen besteht aus wissenschaftlichen Instrumenten. Allerdings soll auf ihnen nur selten reine Grundlagenforschung betrieben werden. Meist hat die Forschung einen kommerziellen Hintergrund. Im Trend liegt die Suche nach Wassereis, allein zwölf geplante Missionen werden sich ihr widmen, so die Analyse des CSIS. Andere Instrumente fahnden nach lukrativen Ressourcen im Mondboden oder ermitteln, welcher Strahlenbelastung Menschen ausgesetzt sind, wenn sie längere Zeit auf dem Mond bleiben werden. Oftmals sollen Materialien und Technik getestet werden, zum Beispiel Solarpaneele.

Im kommerziellen Wettlauf zum Mond will auch Europa mitmischen, im großen Stil sogar: Bis zu 1,5 Tonnen Fracht soll der Lander „Argonaut“ eines Tages zum Mond transportieren können. Damit könnte er nicht nur helfen, eine Mondstation zu errichten, sondern auch abgebaute Ressourcen zur Erde zu bringen. Noch befindet sich die Europäische Weltraumorganisation (Esa) in der Studienphase, losgehen könnte es Ende des Jahrzehnts. Knapp 330 Millionen Euro konnte die Esa Ende 2022 von ihren Mitgliedsstaaten für die robotische Erkundung des Mondes einsammeln, Deutschland beteiligt sich mit 110 Millionen Euro.

Europa hat noch eine andere gewinnbringende Nische ausgemacht: Kommunikation und Navigation. All die Menschen, Rover und Raumsonden, die eines Tages auf dem Mond unterwegs sein sollen, brauchen Orientierung. Vor

2019 stürzt der indische Rover »Chandrayaan-2« auf dem Mond ab. Ein Rückschlag auch für Premierminister Narendra Modi (oben). 2023 wagt Indien einen zweiten Versuch mit »Chandrayaan-3« (Montage)

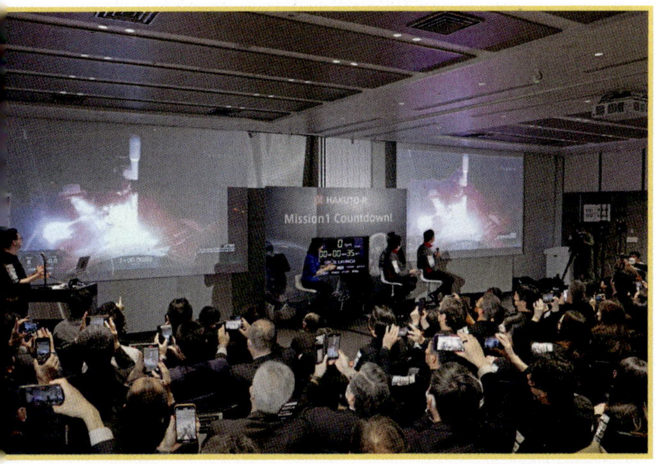

Jubel in Japan, als sich am 11. Dezember 2022 der Lander »Hakuto-R« (Montage) auf den Weg zum Trabanten macht. Das Land hat schon etwas Erfahrung mit dem Mond: Bereits 1990 startete Japan seine erste Mission

allem müssen sie kommunizieren – untereinander und mit der Erde. Eine Flotte aus drei bis vier Satelliten im Mondorbit, so die Idee der Esa, soll diese Aufgaben übernehmen. Arbeitstitel: „Moonlight“.

Doch ob der Trabant tatsächlich einen neuen großen Markt bietet, ist offen. Walther Pelzer, der deutsche Raumfahrtchef, spricht zwar viel vom „Wirtschaftsraum Erde-Mond“, tut sich aber schwer, konkrete Ideen für Geschäftsmodelle zu benennen. Vielleicht Daten, die ein Radioteleskop auf der erdabgewandten Seite des Mondes sammeln könnte, ungestört vom irdischen Rauschen. Oder Know-how. Oder Logistik. Oder Transport. „Wir haben zwar ein

Die Vereinigten Arabischen Emirate möchten ebenfalls mit einem Rover vor Ort sein. Für den Transport bezahlen sie japanische und amerikanische Unternehmen

gewisses Verständnis, was wir auf dem Mond alles machen können“, sagt Walther Pelzer, „ich bin mir aber sicher, dass wir noch nicht einmal annähernd das gesamte Potenzial des mit dem Mond zusammenhängenden Marktes absehen können.“

Nur bei einer Aktivität, die immer gerne genannt wird, ist Pelzer skeptisch: dem Abbau von Bodenschätzen. Lange

Zeit galt Helium-3 als Paradebeispiel für lunaren Bergbau, eine spezielle Variante des Edelgases, die auf der Erde in Fusionsreaktoren eingesetzt werden könnte (sollte es solche eines Tages geben). Auch Gold, Platin und Iridium sollten auf dem Mond zu finden sein. Nur: Wird sich deren Abbau rechnen? Walther Pelzer meint, eher nicht: „Ich sehe – aber das ist meine persönliche Meinung – auf Jahrzehnte hinaus kein Geschäftsmodell, um irgendwelche Mineralien vom Mond zur Erde zu bringen."

Zumal der Abbau von Bodenschätzen juristische Verwicklungen mit sich bringen könnte. Der völkerrechtliche Weltraumvertrag aus dem Jahr 1967, unterzeichnet und in Kraft gesetzt von 112 Staaten, darunter alle wichtigen Raumfahrtnationen, verbietet ausdrücklich jegliche „nationale Aneignung", wie es in Artikel II heißt. „Wenn die USA ihre Flagge in den Mondboden stecken, heißt das daher noch lange nicht, dass das jetzt US-amerikanisches Staatsgebiet ist", sagt Kai-Uwe Schrogl, Präsident des International Institute of Space Law in Paris. „So etwas ist ein rein symbolischer Akt."

Der Weltraumvertrag regelt, dass alle Staaten uneingeschränkt Zugang zu sämtlichen Gebieten auf Himmelskörpern bekommen müssen. Das Weltall wird als globales, öffentliches Gut angesehen – genauso wie die hohe See, der Tiefseeboden und die Antarktis.

Allerdings sind die Bestimmungen des Weltraumvertrags mit seinen siebzehn knapp gehaltenen Artikeln nicht allzu präzise. Das war Absicht, Juristinnen und Juristen sprechen von einem Prinzipienvertrag. Doch dies verleitet zu gewagten Interpretationen. Zum Beispiel: Da im Vertragstext nur die staatliche Aneignung verboten ist, gelte das Verbot nicht für private Unternehmen.

„Das ist natürlich – ganz unjuristisch gesprochen – völliger Unsinn", sagt Schrogl. Schließlich seien die Staaten laut Weltraumvertrag verantwortlich für die Aktivitäten ihrer privaten Akteure, sie müssten diese autorisieren und überwachen. Dabei dürften sie keine Vertragsverletzung tolerieren oder erst recht nicht fördern.

Bezirksgerichte in den Vereinigten Staaten hat das in der Vergangenheit allerdings nicht davon abgehalten, Schürfrechte für den Mond zu erteilen. Und Luxemburg hat sogar ein nationales Gesetz beschlossen, das Unternehmen Eigentumsrechte an Ressourcen sowie Lizenzen für deren Abbau verspricht. Einzige Voraussetzung: Die Firmen müssen ihren Sitz nach Luxemburg verlegen – und dort Steuern zahlen.

Zu verhindern sind solche Alleingänge nur schwer. Das Weltraumrecht kennt keine Zwangsmaßnahmen und bislang auch keine Anreize für regelkonformes Verhalten. „Aber wir arbeiten an einem gemeinsamen Verständnis dafür", sagt Schrogl. Zusammen mit anderen Staaten hat Deutschland im Weltraumausschuss der Vereinten Nationen eine Initiative gestartet, um gemeinsam über das Thema Ressourcen im All nachzudenken.

Diskussionsgrundlage könnte der Mondvertrag sein, der 1979 mit dem Ziel aufgesetzt wurde, den Abbau lunarer Bodenschätze zu regeln. Er orientiert sich am Seerecht und fordert, wie es auf Bürokratiedeutsch heißt, ein „internationales Ressourcenabbauregime". Sprich: Die Länder müssen sich einigen, unter welchen Regeln der Mond

Sanft auf dem Mond zu landen ist eine hohe Kunst – danach zurück zu starten die Königsdisziplin. 2020 sammelte die chinesische Sonde »Chang'e 5« (Montage) über 1,7 Kilogramm Gestein und sandte sie zur Erde

gemeinsam genutzt werden darf. Bislang haben allerdings nur achtzehn Staaten, alle in der Raumfahrt eher unbedeutend, den Vertrag unterschrieben. Österreich ist darunter, Deutschland nicht. Daher die Suche nach einem neuen, breiten Übereinkommen.

Wohin die Diskussionen im Weltraumausschuss führen könnten, ist noch unklar. Womöglich könnten sie auch in eine ganz andere Richtung gehen als der Mondvertrag, sagt Schrogl. Egal wie eine zukünftige rechtliche Regelung aussehe, Hauptsache, es finde sich ein Konsens, damit Himmelskörper den Charakter von staatsfreien Räumen oder Gemeingütern behielten. Walther Pelzer sieht das ähnlich. „Wenn einzelne Staaten anfangen, in Wildwestmanier eigene Regeln aufzustellen, führt das letztlich zu einer Spirale der Deregulierung", sagt Deutschlands Raumfahrtchef.

Offenbar versuchen die USA genau das. Wer mit ihnen auf dem Mond landen wolle, heißt es aus Washington, müsse ein bilaterales Abkommen unterschreiben, „Artemis Accords" genannt. Neben allerlei Selbstverständlichkeiten wie der Veröffentlichung wissenschaftlicher Erkenntnisse finden sich darin auch zwei Knackpunkte: Die USA wollen den eigenmächtigen Abbau von Bodenschätzen sowie Eigentumsansprüche an diesen Ressourcen trotz des anderslautenden Weltraumvertrags ermöglichen, und sie wollen sich Sicherheitszonen rund um ihre Claims zusichern lassen. „Das steht in klarem Widerspruch zur Weltraumfreiheit, wonach der Zugang zum Weltraum und den Himmelskörpern niemandem verwehrt werden darf", sagt Kai-Uwe Schrogl.

Die USA scheint das nicht zu stören. Sie wollen, so die Kritik, den geltenden Weltraumvertrag durch die Hintertür aushebeln – indem sie die Artemis Accords ganz bewusst nicht als völkerrechtlichen Vertrag bezeichnen, sondern als bilaterales Abkommen, als politische Willenserklärung. Man könnte auch sagen: als Machtdemonstration und als Zwangsmittel, diktiert aus Washington. Weltraumrecht, sagt Schrogl, sollte aber nicht von einzelnen Staaten verfügt werden.

Erste europäische Länder haben trotzdem schon zugestimmt – obwohl sich die Esa-Mitgliedstaaten eigentlich über ein gemeinsames Vorgehen abstimmen wollten. Italien ist darunter, Großbritannien, zuletzt auch Frankreich und natürlich Luxemburg. Deutschland hingegen ist nicht glücklich mit den Artemis Accords. „Sicherlich wird es dazu in naher Zukunft noch Diskussionen mit unseren amerikanischen Partnern geben", sagt Walther Pelzer.

Diese Partner schaffen derweil die nächsten Tatsachen. 2022 hat das US-militärische Forschungsinstitut AFRL angekündigt, für den Mond Überwachungssatelliten entwickeln zu wollen. Das „Cislunar Highway Patrol System", betrieben von den US-amerikanischen Weltraumstreitkräften, soll ab 2025 kontrollieren, wer sich dem Mond nähert – zum Schutz der „kommerziellen Aktivitäten im lunaren Bereich".

Ob beim neuen lunaren Goldrausch tatsächlich Gold gefunden wird, ist zwar noch völlig offen. Der Sheriff aber bringt sich schon in Stellung.

JETZT IM HANDEL!
SONDERHEFT
NR. 1 18.2.2023 €7,50
stern
NEUE ZÄHNE
Was Spezialisten leisten können
BOTOX, FILLER, LASER
Wozu ein Schönheitsmediziner rät
DIE STERN-ÄRZTELISTE 2023
GUTE ÄRZTE FÜR MICH
MEHR ALS 4400 EMPFEHLUNGEN
Herz, Krebs, Rücken – Top-Mediziner aus über 100 Fachbereichen
stern
Was uns bewegt.
Große Geschichten. Jeden Donnerstag. Und auf stern.de

Auftritt der neuen Mächte

Im Schatten der großen Raumfahrtnationen streben auch einige kleinere zum Mond. Zugleich wetteifern Unternehmen um Aufträge und eine eigene Präsenz vor Ort. Eine Auswahl besonderer Missionen

Text: **Peter Michael Schneider**
Illustration: **illuteam43**

BERESHEET 2 Start: 2025 (geplant)
Der erste Versuch, auf dem Mond zu landen, zerschellte 2019. Doch das **israelische Unternehmen SpaceIL** wagt einen weiteren Anlauf, bei dem eine Sonde gleich zwei Lander transportieren soll. Politisch bemerkenswert ist die Kooperation mit den **Vereinigten Arabischen Emiraten,** die Instrumente beisteuern

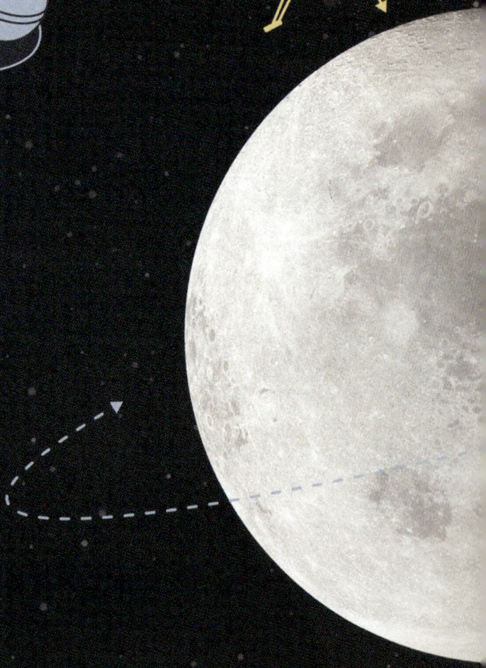

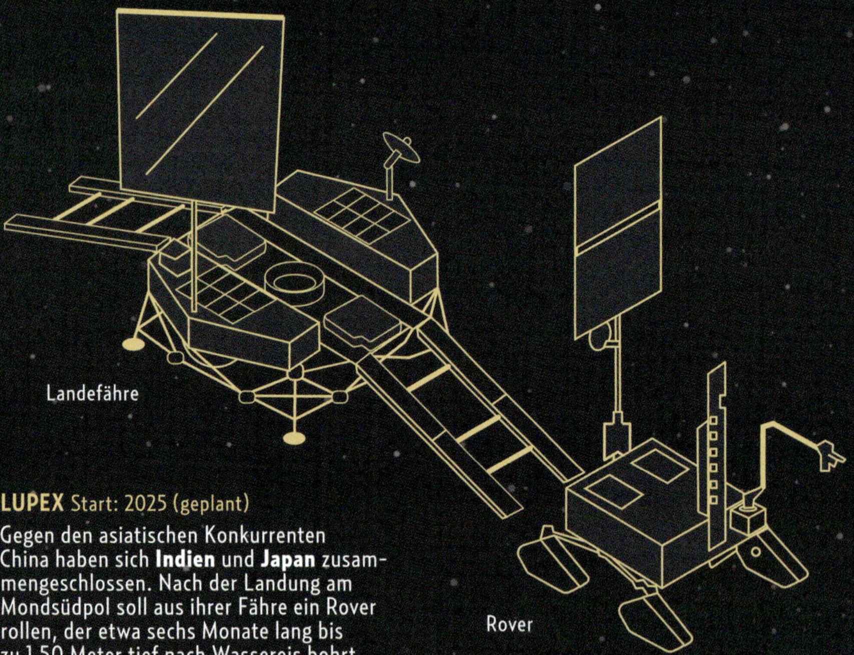

LUPEX Start: 2025 (geplant)
Gegen den asiatischen Konkurrenten China haben sich **Indien** und **Japan** zusammengeschlossen. Nach der Landung am Mondsüdpol soll aus ihrer Fähre ein Rover rollen, der etwa sechs Monate lang bis zu 1,50 Meter tief nach Wassereis bohrt. Die gewonnenen Proben kann er im bordeigenen Labor analysieren

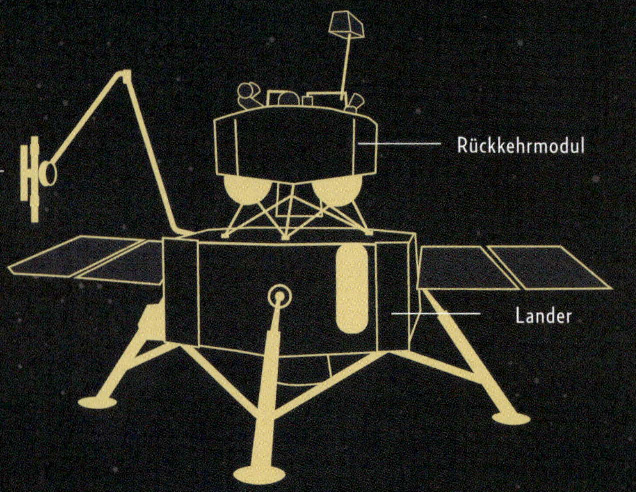

CHANG'E 6 Start: 2025 (geplant)
China will sein Können und seine Macht demonstrieren: Ein Lander soll auf der erdabgewandten Seite am Rand des Südpol-Aitken-Beckens aufsetzen und bis zu zwei Kilogramm Mondgestein sammeln. Das obere Modul soll dann zur Erde zurückfliegen, mitsamt dem schweren Gepäck

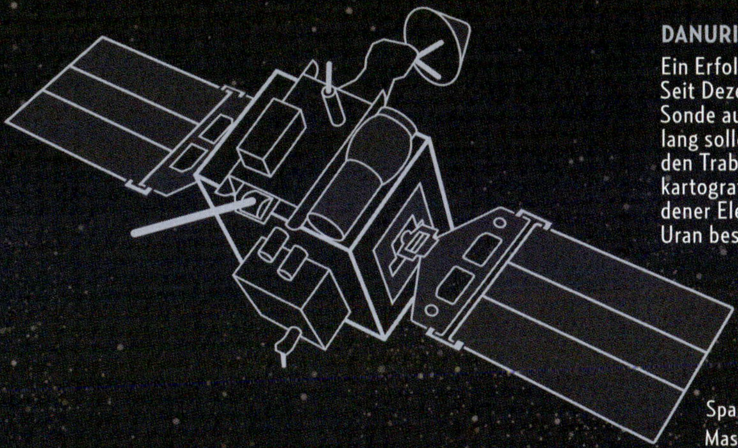

DANURI Start: 2022

Ein Erfolg für das technikbegeisterte Land: Seit Dezember umrundet erstmals eine Sonde aus **Südkorea** den Mond. Ein Jahr lang sollen ihre sechs Messinstrumente den Trabanten aus 100 Kilometer Höhe kartografieren und die Verteilung verschiedener Elemente wie Helium, Silizium und Uran bestimmt

Spannweite: 6,3 Meter
Masse: 678 Kilogramm

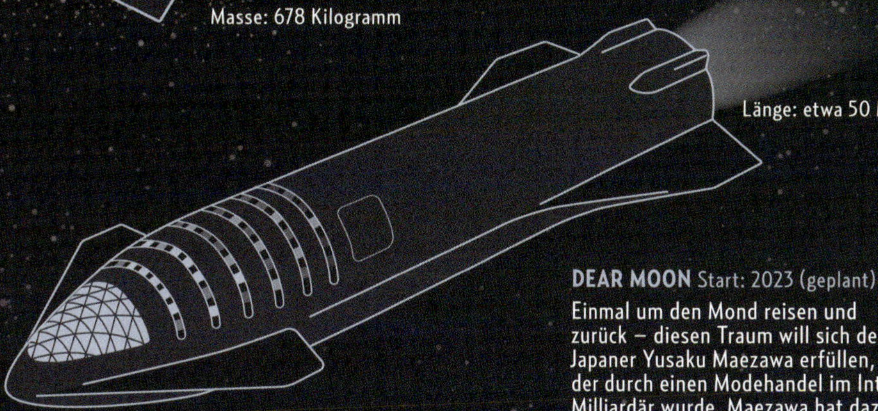

Länge: etwa 50 Meter

DEAR MOON Start: 2023 (geplant)

Einmal um den Mond reisen und zurück – diesen Traum will sich der Japaner Yusaku Maezawa erfüllen, der durch einen Modehandel im Internet Milliardär wurde. Maezawa hat dazu eine Starship von **SpaceX** gebucht. Mit an Bord dürfen ausgewählte Künstler*innen, die das Erlebte in ihren Werken verarbeiten

VIPER Start: 2024 (geplant)

Den Transport des golfmobilgroßen Roboters wickelt **SpaceX** ab. Erst auf dem Mond übernimmt die **US-Raumfahrtbehörde** die Kontrolle: Ihr Rover soll mit bis zu 0,8 Kilometer pro Stunde durch die kalten Krater des Mondsüdpols rollen und dort mit Bohrungen herausfinden, in welcher Form Wassereis vorliegt

Höhe: 2,45 Meter
Masse: 430 Kilogramm

Masse:
1750 Kilogramm

LUNA 25 Start: 2023 (geplant)

Es soll die Rückkehr einer großen Raumfahrtnation werden: **Russland** will am Südpol landen, um dort Regolith zu analysieren. Doch dahingeschmolzene Budgets und technische Probleme verzögern die Mission seit 2012, mehrere Partner sprangen ab. Ob Luna 25 in diesem Jahr abhebt, ist fraglich

Alles Anf

Text: **Alexander Stirn**

Narben der Vergangenheit: Auf der Mondoberfläche zeugen Krater von den Einschlägen zahlreicher Meteoriten. Noch gewaltsamer war wohl jene Kollision, durch die der Trabant einst eventuell entstand

auf

ang

Zwei frühe Planeten kollidieren, Erde und Mond bleiben übrig – so steht es in den Lehrbüchern. Doch neue Analysen zeigen: Das stimmt womöglich nicht. **Was passierte also vor etwa 4,5 Milliarden Jahren?**

E

Es gibt Geschichten, die klingen so schön und kitschig, sie würden jeder Romanautorin als unglaubwürdig um die Ohren gehauen. Eine geht so: Bei einem Unglück, einem Zusammenstoß von gigantischem Ausmaß, verliert einer der Unfallgegner sein Leben, der andere wird schwer angeschlagen. Doch aus den Trümmern wird ein neuer Weltenbewohner geboren. Er wächst, er gedeiht. Er hilft dem mitgenommenen Partner, wieder in die Spur zu finden. Sie bleiben zusammen. Der Beginn einer wunderbaren Freundschaft.

Die herzzerreißende Geschichte, sie ist die Geschichte unserer Erde und ihres Mondes. Denn der, so steht es seit Jahrzehnten in Lehrbüchern, ist einst durch die Kollision eines marsgroßen Himmelskörpers mit dem jungen Planeten Erde entstanden. Aus den Trümmern formte sich ein neues, bleiches Objekt: der Mond. Er stabilisierte die Erdachse und sorgte womöglich mit seinen Gezeitenkräften dafür, dass in den Küstenregionen des Blauen Planeten frühe Lebensformen entstehen konnten. Ein perfektes Happy End.

Die Geschichte hat allerdings ein Problem: Sie klingt zu schön, um wahr zu sein – und vielleicht ist sie es auch nicht. Denn je genauer Geologinnen und Geologen in den vergangenen Jahren die Theorie untersuchten, desto größer wurden ihre Zweifel: Es lassen sich einfach keine gesicherten Spuren jener marsgroßen Mondmutter entdecken, die bei dem Zusammenstoß ihr Leben ausgehaucht haben soll.

Astronom*innen entwickeln daher neue Ideen, tüfteln an gewagten Simulationen. Es ist ein Balanceakt zwischen Berechnung und Beobachtung, zwischen Kreativität und Verzweiflung. Denn freiwillig aufgeben will die Kollisionstheorie niemand. Dafür ist die Geschichte dann doch zu schön.

Immerhin, in einem Punkt sind sich die meisten Forschenden einig: Der Erdmond ist anders als andere Monde. Die Begleiter des Mars, zum Beispiel, sind winzig. Deimos, einer der beiden Trabanten, wäre von der Marsoberfläche nur als heller Punkt zu erkennen, ähnlich der Venus von der Erde. Unser Mond hingegen gilt als Riese. Er bringt es auf rund ein Prozent der Erdmasse, während die Begleiter der äußeren Planeten in der Regel nur 0,01 Prozent der Masse ihrer jeweiligen Heimatwelten erreichen.

Mehr noch: Der vergleichsweise schnell rotierende Erdtrabant ist für etwa 80 Prozent der gemeinsamen Drehbewe-

Der Aufprall eines marsgroßen Planeten hätte das Ende der noch jungen Erde bedeuten können – stattdessen erhielt sie so womöglich einen Begleiter, der sie zu einem lebensfreundlichen Ort machte

Die Theorien im Überblick

KOLLISIONSTHEORIE
Nach dem bisherigen Modell traf ein marsgroßer Himmelskörper, getauft »Theia«, die frühe Erde. Dessen Eisenkern ging in die Erde über, sein Mantel bildete den Mond. Allerdings müssten sich dann Erde und Mond in ihrer Zusammensetzung maßgeblich unterscheiden – was nicht der Fall ist.

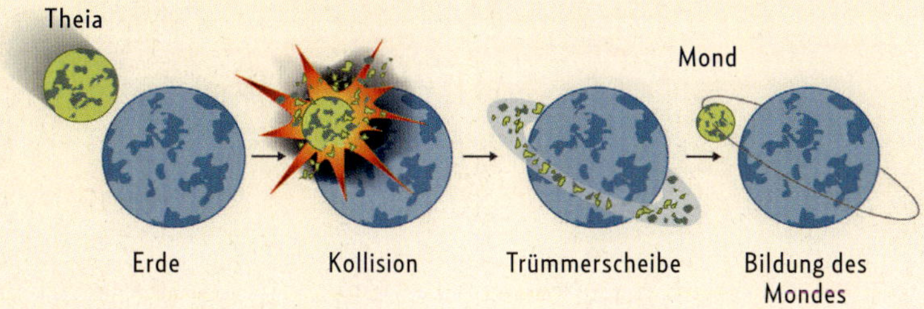

ZWILLINGSKOLLISION
Die Standardtheorie lässt sich retten, falls Theia aus dem gleichen Material bestand wie die frühe Erde. Tatsächlich gibt es solche Zwillinge im Sonnensystem. Eine andere Alternative: Theia bestand aus Eis – und hat sich nach der Kollision aufgelöst. Der Mond entstand dann nur aus Trümmern der Erde.

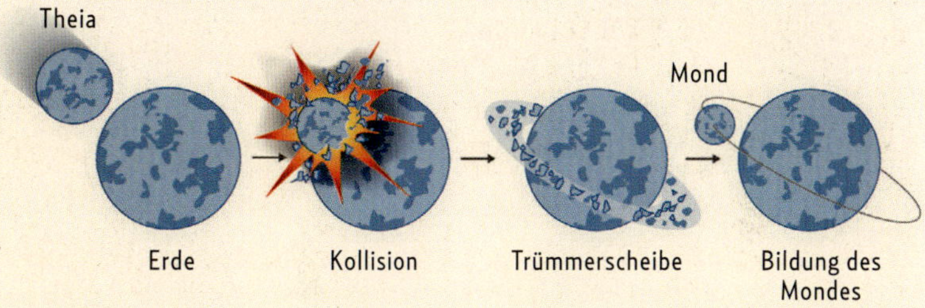

SYNESTIA
Bei einem sehr harten Aufprall werden beide Kollisionspartner zerstört – ihre Materie vermischt sich. Wenn die entstehende Wolke schnell rotiert, formt sie sich wie ein Donut. Aus solch einem Gebilde könnten Erde und Mond entstanden sein.

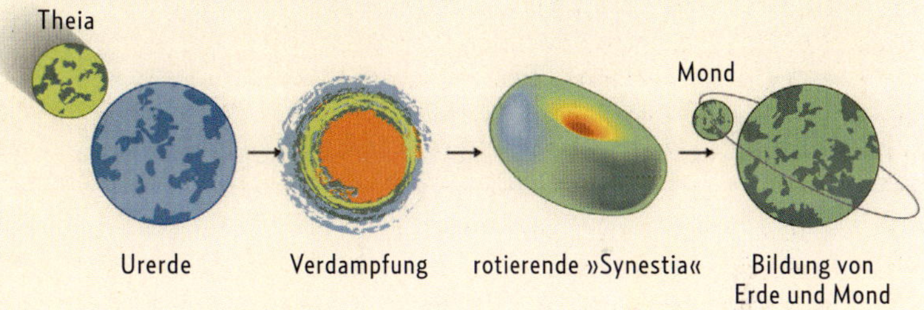

MINIMONDE
Statt eines einzelnen Einschlags könnte es viele Kollisionen gegeben haben. Aus deren Trümmern bildeten sich Minimonde (»Moonlets«), welche sich schließlich zum Mond zusammenschlossen. Diese einst verworfene Theorie wird neu diskutiert.

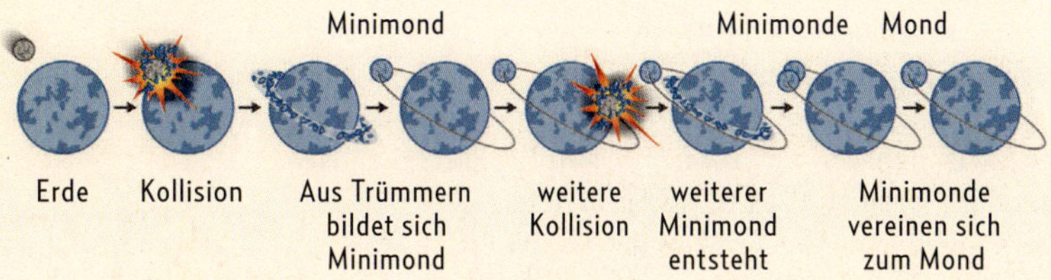

gung des Systems Erde-Mond verantwortlich. Bei anderen Planeten liegt dieser Wert unter einem Prozent. All das macht den Erdmond einzigartig unter den mehr als 150 eindeutig nachgewiesenen Monden im Sonnensystem.

Hinzu kommen überraschende Eigenschaften. Der metallische Kern des Mondes ist mit einem Radius von vermutlich nur 350 Kilometern unerwartet klein. Daher gilt es seit Langem als unwahrscheinlich, dass sich der Mond zusammen mit der Erde, die einen wesentlich größeren Kern besitzt, aus einer gemeinsamen Urwolke gebildet haben kann – auf diese Weise entstanden vermutlich die vier größten Monde des Jupiters. Lunare Gesteinsproben deuten zudem darauf hin, dass der Mond in seiner Kindheit von einem Ozean aus flüssigem Gestein überzogen war; Felsbrocken schwammen darin, als seien sie Eisberge. Die Astronomie verwarf daher die Theorie, dass es sich beim Erdtrabanten schlicht um einen eingefangenen Asteroiden handeln könnte, wie es wohl bei den Marsmonden der Fall ist.

Was also dann? Bislang war die Antwort: Kollisionstheorie. Die Idee: Ein gewaltiger Brocken, der irgendwo in den Tiefen des Sonnensystems entstanden sein musste, krachte vor etwa 4,5 Milliarden Jahren auf die äußerst junge Erde. Die Kerne der beiden Himmelskörper verschmolzen; Teile der glühend heißen Gesteinsmäntel wurden in eine Erdumlaufbahn geschleudert. Dort suchten viele flüchtige Elemente das Weite, während sich das verbliebene Material im Laufe von womöglich weniger als 100 Jahren zum Mond zusammenklumpte. Der Rest ist Geschichte.

Einzig bei Apollo 17 flog ein Wissenschaftler mit, der Geologe Harrison Schmitt. Er sammelte das meiste Mondgestein ein. Insgesamt brachten die Apollo-Missionen 382 Kilogramm zur Erde. In Reinraumlaboren werden sie mit immer neuen Methoden erforscht und liefern bis heute Erkenntnisse zum Trabanten

So unwahrscheinlich, wie der Plot zunächst klingen mag, ist er gar nicht. Das junge Sonnensystem war ein dreckiger, chaotischer Ort. Immer wieder formten sich neue Planeten-Embryos aus den Überresten jener Gas- und Staubwolke, aus der die Sonne hervorgegangen war. Sie kollidierten, zerstoben, verschmolzen – ein höllisches Billardspiel, aus dem letztlich die heutigen Planeten hervorgingen. Und womöglich auch der Erdmond.

Aus dessen Größe, seiner Rotation und dem langsamen Zurückweichen von der Erde (der Mond entfernt sich jährlich um 3,8 Zentimeter) glauben Astronom*innen sogar Rückschlüsse auf den etwaigen kosmischen Unfallgegner ziehen zu können. Theia, wie der Brocken zu Ehren der Mutter der griechischen Mondgöttin Selene getauft wurde, war demnach ähnlich groß wie der Mars: etwa ein Siebtel des Erdvolumens, vielleicht auch etwas mehr. Der kleinere Himmelskörper traf die Erde vermutlich leicht versetzt – wahrscheinlich unter einem Winkel von 45 Grad oder mehr. Zwischen 70 und 90 Prozent des Mondes müssten demnach aus Theia-Gestein bestehen. Der Rest würde von der Erde stammen, welche dennoch unterm Strich größer wurde, da sie sich Theias Kern einverleibte.

Es gibt dabei allerdings ein Problem: Theias Spuren lassen sich auf dem Erdtrabanten nicht eindeutig nachweisen, zumindest nicht mit heutigen Methoden. Um kosmische Verwandtschaftsverhältnisse zu klären, untersuchen Forschende Isotope, das sind Varianten der chemischen Elemente. Die Atomkerne des Sauerstoffs zum Beispiel, die in jedem Fall acht Protonen besitzen, können acht, neun oder zehn Neutronen enthalten – neutrale Kernbestandteile, die die Eigenschaften des Atoms nicht wesentlich verändern. Welche Isotope wie häufig auftreten, charakterisiert ein Material wie ein Fingerabdruck.

Auf dem Mond ist Theias Erbgut aber nicht zu finden, oder nur sehr schwer. Edward Young von der University of California in Los Angeles konnte 2016 so gut wie keine Auffälligkeiten im Verhältnis der Sauerstoffisotope aufspüren, nachdem er Bodenproben der Apollo-Missionen analysiert hatte. Erde und Mond seien „nicht zu unterscheiden“, schreibt der Geochemiker im Fachblatt „Science“. Auch andere Forschungsteams konnten in der Folge allenfalls winzige Diskrepanzen ausmachen.

Ein ähnliches Bild zeigt sich bei Wolfram, Titan, Kalium, Chrom und vielen anderen Elementen: Sobald Einflüsse des Mondalters und der kosmischen Strahlung herausgerechnet werden, verschwinden die Unterschiede zur Erde. Für Nicolas

Wie entstehen Ebbe und Flut?

Der Mond verursacht die Gezeiten auf der Erde – so weit, so bekannt. Aber wie Ebbe und Flut genau zustande kommen, wird oftmals falsch erklärt. Demnach ziehe der Trabant das Wasser auf der Erde zu sich hoch, wodurch sich die Meere wie ein Berg Richtung Mond emportürmten. Da die Erde um ihre eigene Achse rotiert, wandere der Flutberg um den Globus. Zwar kommt diese Vorstellung eines Flutbergs der Realität sehr nahe. Doch das Modell kann nicht erklären, weshalb an einem Ort Ebbe und Flut nicht einmal, sondern zweimal täglich auftreten.

Tatsächlich existieren zwei Flutberge: einer auf der Erdseite Richtung Mond und ein ähnlich großer auf der gegenüberliegenden Seite. Denn genau genommen wandert der Mond nicht um eine still stehende Erde, sondern Erde und Mond kreisen um einen gemeinsamen Schwerpunkt. Aufgrund dieser Drehung wirkt auf die Erde eine Fliehkraft nach außen. Am Wasser zerren somit zwei Kräfte: eine, die zum Mond hin zeigt, und eine, die von ihm weg weist.

Allerdings betragen diese Kräfte nur ein Zehnmillionstel der Schwerkraft am Erdboden. Sie sind viel zu klein, um etwa das Wasser, das dem Mond am nächsten ist, gegen die Erdanziehung spürbar anzuheben. Und doch rufen diese schwachen Kräfte die majestätischen Gezeiten hervor, da sich ihre Auswirkungen über enorme Distanzen aufsummieren: Über Tausende Kilometer ziehen sie alles Wasser der Weltmeere leicht zur Verbindungsachse Erde–Mond hin. Vergleichen lässt sich dies mit einem randvoll mit Wasser gefüllten Backblech: Es genügt, das Backblech an einer Seite leicht anzuheben, dann schiebt sich vom angehobenen Ende eine zunehmend größere Welle zum unteren Ende, bis schließlich ein Wasserschwall vom Blech schwappt.

Allerdings sind die Wasserberge inmitten der Ozeane nicht einmal einen Meter hoch. Was wir in der Realität an größerem Tidenhub erleben, entsteht durch das Auflaufen der Flut auf die Kontinente. *Michael Büker*

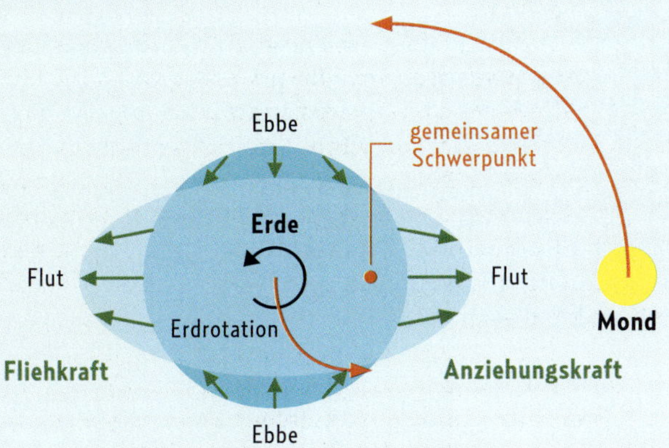

Dauphas, Geochemiker an der Universität von Chicago, erscheint der Mond daher wie „ein Kind mit nur einem Elternteil". Der Erde.

Was also tun? Retten, was zu retten ist, scheint die Maxime zu sein: Mit teils abenteuerlich anmutenden Theorien versuchen Astronom*innen, die Geschichte von Theia, der Erde und dem großen Crash doch noch zu einem versöhnlichen Ende zu bringen. Der marsgroße Brocken, so eine der Ideen, könnte demnach gar nicht aus Gestein bestanden haben, sondern aus Eis: ein gefrorener Planet, der in den Außenbezirken des Sonnensystems entstanden war und dann Richtung Erde wanderte. Solch ein Eisklumpen hätte beim Zusammenstoß mit der Erde große Teile ihres Mantels ins All geschleudert. Er selbst wäre dabei allerdings verdampft, ohne Spuren zu hinterlassen.

Der Haken: Im Sonnensystem gibt es keinen Planeten, der komplett aus Eis zusammengesetzt ist. Auch theoretisch sind solche Welten schwer zu erklären: Selbst eisige Himmelskörper müssten zu einem Teil aus festem Material bestehen. Folglich sollten auch in diesem Fall Spuren auf dem Mond nachweisbar sein.

Es scheint deshalb erfolgversprechender, an der Masse, der Geschwindigkeit und dem Einschlagwinkel von Theia zu schrauben: Ein deutlich kleinerer Unfallpartner hätte sich, so das Ergebnis von Simulationen, zu lediglich acht Prozent im Mond niedergeschlagen. In den Fingerabdrücken der beiden Gesteinsarten dürften sich dann nur wenige Unterschiede zeigen.

Noch geringer wären die Differenzen, sollte Theia frontal mit der Erde kollidiert sein und nicht – wie bislang gedacht – leicht versetzt. Dann hätte der Zusammenstoß so viel Energie freigesetzt, dass das Gestein beider Unfallgegner komplett durcheinandergewirbelt worden wäre. Sowohl Mond als auch Erde müssten somit zur Hälfte aus Theia und zur Hälfte aus der Urerde bestehen. Ein geologischer Vaterschaftstest bliebe mithin ohne Ergebnis.

Vielleicht stimmen aber auch die Modelle nicht, die erklären sollen, wie sich der Mond nach der Kollision gebildet hat. In einer der bislang aufwendigsten Simulationen ist Jacob Kegerreis von der englischen Durham University 2022 zu dem Schluss gekommen, dass sich der Mond augenblicklich, innerhalb weniger Stunden nach der Kollision geformt haben könnte. Da sich dabei geschmolzenes Material, das vor allem von der Erde stammte, über den kühleren Kern des Unfallpartners gelegt haben soll, würde das die chemische Verwandtschaft der untersuchten Bodenproben erklären.

Die aufwendigen Simulationen haben jedoch allesamt ein Problem: Sie können zwar das beobachtete Mischungsverhältnis von Erde und Mond erklären. Der Drehimpuls,

Das frühe Sonnensystem bestand aus ringförmigen Wolken aus Gas und Staub. Noch können Forschende nicht restlos erklären, wie sich daraus die Planeten und Monde bildeten

der bei solch heftigen Kollisionen zwangsläufig übertragen würde, stimmt mit den heutigen Gegebenheiten allerdings nicht überein. Da ein Drehimpuls, so will es eines der grundlegenden physikalischen Gesetze, stets erhalten bleibt, stecken die Anhänger solcher Simulationen in einer Sackgasse.

Doch was, wenn die junge Erde selbst enorm schnell rotiert hätte? Dann hätte es keines so starken Einschlags bedurft, um die Massen durcheinanderzuwirbeln. Die US-amerikanischen Planetengeolog*innen Simon Lock und Sarah Stewart haben diesen Fall 2017 durchgerechnet – und dabei gleich auch eine neue planetarische Struktur entdeckt: Durch Theias Aufprall auf einen hochtourig rotierenden Planeten Erde könnte eine große, donutförmige Gesteinswolke entstanden sein. Sie hätte sowohl die ursprüngliche Erde als auch die Überreste von Theia umfasst. Vor allem aber wäre sie so schnell rotiert, dass sich Teile des verdampften Gesteins gelöst hätten, um eine zweite Wolke zu bilden, die fortan um die dicke Blase im Inneren gekreist wäre.

„Synestia" haben die Forschenden die zuvor unbekannte Struktur in ihrer Simulation getauft. In ihr müssen höllische Bedingungen geherrscht haben. Laut den Berechnungen erreichten die Temperaturen mehr als 3000 Grad Celsius; der Druck entsprach dem Dutzendfachen der heutigen Erdatmosphäre. Durch die Wolken wirbelten Regentropfen aus geschmolzenem Gestein. Einige verklumpten zu einem Brocken, der den Keim des künftigen Mondes bildete. Die Tropfen auf der Innenbahn regneten hingegen auf die Oberfläche eines neuen Planeten hinab. Nach mehreren Hundert Jahren hätten sich so Mond und Erde neu gebildet.

Die Idee hat aber zwei Schönheitsfehler: Die Erde rotiert heutzutage deutlich langsamer, als es das hypothetische Modell vorhersagt. Zudem hat noch niemand Synestias in der Realität gesehen. Alle bislang beobachteten Planetenbrutstätten um junge Sonnen sind geformt wie eine Scheibe, nicht wie ein Donut.

Der französisch-amerikanische Geophysiker Nicolas Dauphas verfolgt daher eine andere Spur. Warum, fragt er, müssen Erde und Theia eigentlich geologisch unterschiedlich gewesen sein? Im Sonnensystem sind schließlich viele Himmelskörper zu finden, die in ihrer Zusammensetzung Erde und Mond ähneln, allen voran die Enstatit-Chondrite, eine Gruppe von Meteoriten. Wenn sich nun derartige Brocken vor 4,5 Milliarden Jahren sowohl zur Erde als auch zu Theia zusammengeballt hätten, dann müsste der Mond, sozusagen, Zwillinge als Elternpaar haben. Ein Vaterschaftstest wäre dann sinnlos.

Doch was wäre, wenn sich all diese Theorien als falsch erwiesen? Raluca Rufu, Planetenforscherin am texanischen Southwest Research Institute, kann mit der herzzerreißenden Geschichte vom großen Crash reichlich wenig anfangen. Stattdessen, so Rufus Überlegungen, könnte der Mond das Ergebnis vieler Dutzend kleiner Kollisionen sein. Jeder Zusammenstoß, egal aus welcher Richtung, egal mit welcher Wucht und mit welcher Geschwindigkeit, schleuderte demnach kleine Erdbrocken ins Weltall, die sich dort zu einer Reihe von Minimonden zusammenballten. Im Verlauf der Zeit formten all diese Nachkommen schließlich Stück für Stück den Erdtrabanten, wie wir ihn heute kennen.

Übertragen auf die Romanwelt, wäre der Mond somit das Ergebnis unzähliger kleiner fruchtbarer Begegnungen. Und das ist eigentlich auch eine schöne Geschichte.

Blick nach unten

Befinden sich Theias Überreste unter unseren Füßen? Auf die Hypothese stieß Dokumentar ***Götz Froeschke*** bei der Verifikation des Artikels. Bereits vor Jahrzehnten offenbarten seismologische Untersuchungen im unteren Erdmantel zwei riesige Anomalien: Regionen mit besonders heißem, dichtem Magma. Laut Forschenden der Arizona State University könnten dies Überbleibsel des Protoplaneten sein, die nach der Kollision mit der Erde in die Tiefe sanken. Simulationen ergaben, dass Theias Mantel 1,5 bis 3,5 Prozent dichter als jener der Erde gewesen sein müsste, um trotz der Kollision als separate Strukturen in der Nähe des Erdkerns zu enden. Das Ergebnis stimmt mit früheren Modellen über die Beschaffenheit von Theia überein. Beweise aus der Tiefe gibt es bislang allerdings noch nicht.

Der Artikel »Alles auf Anfang« wurde vom GEO-eigenen Quality Board einem Faktencheck unterzogen

WAHRE VERBRECHEN.
WAHRE GESCHICHTEN.
Das True-Crime-Magazin vom stern.
// Nr. 47 Wahre Verbrechen
Crime
SPÄTE LIEBE
Der Adlige, die Zahnärztin und die Leiche ohne Gebiss
WAS DER JUNGE SAH
Es gab nur einen Zeugen. Und der war zwei Jahre alt
+
MEHR ALS NUR PROFILER
Ein Gespräch mit dem Fallanalytiker Andreas Müller
DER MANN OHNE GEDÄCHTNIS
Er sucht seine Erinnerungen. Und findet einen finsteren Ort
JETZT IM HANDEL
Hör-Tipp: Der Crime-Podcast „Spurensuche" – Ermittler und Spezialisten erzählen von ihren spannendsten Fällen. +++ Überall, wo es Podcasts gibt. +++
3x STERN CRIME testen unter www.stern-crime.de/probieren

Artemis

Auf gemeinsamer **Mission**

Wenn die Nasa demnächst wieder den Erdtrabanten anfliegt, soll ***Europa erstmals mit dabei*** *sein: Die Esa liefert das wohl wichtigste Modul der Mission. Zusammengebaut wird es in Bremen*

Text: **Alexander Stirn**

DER START

Rund drei Millionen Liter Treibstoff verfeuert die Schwerlastrakete »SLS«, um die Erdanziehung zu überwinden und sich – mitsamt »Orion« an ihrer Spitze – in den Weltraum zu wuchten

NASA

esa

E*in paar Schrauben vielleicht,* ein paar Kameras, das eine oder andere wissenschaftliche Experiment: Wenn die USA in der Vergangenheit ins All aufbrachen, durften die europäischen Staaten allenfalls Kleinkram beisteuern. Sie waren Nebendarsteller, Gehilfen, zuständig für die unkritischen Komponenten. Die wirklich wichtigen Teile, die Raketen und Raumfahrzeuge, bauten die USA stets selbst.

Bei „Orion", dem neuesten Raumschiff der Nasa, ist das anders. Im November 2022 ist „Orion", nach langen Jahren des Wartens, erstmals ins All aufgebrochen, hat den Mond umrundet und ist gute 25 Tage später sicher zur Erde zurückgekehrt – all das noch ohne Menschen an Bord. Der Start war der Auftakt zum Artemis-Programm, in dessen Rahmen plant die US-Raumfahrtbehörde Nasa mehrere Flüge zum Erdtrabanten, die 2025 in der nächsten Mondlandung kulminieren sollen.

Rein optisch erinnert „Orion" ein wenig an die X-Flügler, die Weltraumjäger der Rebellen aus den „Star Wars"-Filmen: vorn die Kapsel, in der die Besatzung sitzen soll, dahinter das Europäische Servicemodul ESM, zylinderförmig, vier Meter hoch, vier Meter im Durchmesser, mit Haupttriebwerk und den vier Solarpaneelen, die x-förmig abstehen.

DER WEG

Im vorderen Teil von »Orion« finden vier Menschen Platz. Hinten liefert das Europäische Servicemodul den Antrieb und versorgt die Crew mit Sauerstoff, Wasser, Strom und Wärme

Der Unterbau wird dafür verantwortlich sein, dass die Crew überlebt und ihr Ziel erreicht, denn das ESM beschleunigt die Crew-Kapsel Richtung Mond. Außerdem wird es Sauerstoff und Wasser für die vierköpfige Crew bereitstellen und mit seinen Solarzellen den Strom für die Bordsysteme liefern. Ohne die Hilfe aus Europa käme das amerikanische Raumschiff nicht weit.

Das Artemis-Programm folgt den Apollo-Missionen in den 1960er- und 1970er-Jahren und ist entsprechend nach der griechischen Göttin Artemis benannt, der Zwillingsschwester des Apollon. Das Programm besteht aus einer Abfolge genau orchestrierter Flüge, die allesamt aufeinander aufbauen sollen: Nach Artemis 1, dem Testflug im vergangenen Jahr, bei dem lediglich Puppen an Bord waren, werden bei Artemis 2 erstmals Menschen in die Crew-Kapsel klettern. Sie sollen zum Mond fliegen, diesen in gut 7000 Kilometer Höhe umrunden und anschließend mit ihrer Kapsel im Pazifik wassern.

Die Landung von Menschen auf dem Mond, die erste seit Dezember 1972, ist dann für Ende 2025 geplant: In der Mission Artemis 3 sollen die erste Frau und der erste nichtweiße Mensch den Erdtrabanten betreten. So hat es US-Präsident Joe Biden verfügt, der mit dieser Besatzung ein politisches Zeichen setzen möchte. Das Duo soll im Mondorbit vom Raumschiff „Orion" in eine Landefähre steigen, hinunter zur Mondoberfläche fliegen und dort etwa eine Woche verbleiben, während die anderen beiden Crewmitglieder den Trabanten im „Orion" umkreisen.

In Artemis 4 soll „Orion" dann ein anderes Ziel ansteuern. Es geht zum Lunar Gateway, einer Raumstation, die Ende des Jahrzehnts in einer Umlaufbahn um den Mond entstehen soll. Das Gateway wird, so der Traum der Nasa, ein Ort der Forschung sein, aber auch ein Ausgangspunkt für Flüge hinab zur Mondoberfläche und hinaus ins All – bis hin zum Mars, dem nächsten großen Ziel für astronautische Missionen. Zum Gateway wird die Artemis-4-Crew ein Wohnmodul transportieren, das gemeinsam von Europa und Japan gebaut werden soll. Mit Artemis 5 und 6 sind bis zum Jahr 2029 weitere Flüge zum Aufbau der Raumstation geplant, jeweils einschließlich einer Landung auf dem Mond.

Das Europäische Servicemodul wird letztlich die Hauptarbeit bei den Flügen zum Mond leisten. Dass dieser kritische Part aus Europa kommt, ist ein Novum, ein Vertrauensbeweis der Nasa. Zugleich ist es für das europäische Entwicklungsteam eine gigantische Herausforderung.

„Ohne uns könnten die Astronautinnen und Astronauten nicht fliegen", sagt Siân Cleaver. Die Britin ist nicht ganz unbefangen. Als Managerin beim Raumfahrtkonzern Airbus Defence and Space, in dessen Bremer Hallen die verschiedenen Anfertigungen des Moduls zusammengebaut werden, ist Cleaver verantwortlich dafür, dass alle Komponenten pünktlich angeliefert werden.

Was diese Module leisten müssen, ist in einem dicken Papierstapel geregelt. Der Stapel erinnert an eines jener monumentalen Telefonbücher vergangener Tage. Im Dokumentenwust haben die Nasa und ihr europäisches Pendant Esa detailliert aufgeschrieben, was das ESM leisten soll, welche Abmessungen es haben muss und welche Anschlüsse. Mehr allerdings nicht.

D*ie Vorgaben gelten als strikt.* Bei ihrer Umsetzung hatten die europäischen Partner hingegen freie Hand. Beim zentralen Antrieb fiel ihre Wahl zum Beispiel auf eines der Triebwerke, mit denen die amerikanischen Spaceshuttles einst in der Umlaufbahn manövrierten. Bewährte Technik, nichts, was teuer und riskant entwickelt werden musste, allerdings etwas verschwenderisch, da die Spaceshuttle-Triebwerke wiederverwendbar konzipiert wurden. Das Servicemodul hingegen wird nicht wiederverwendet: Bevor die Crew-Kapsel auf der Erde landet, wird das Servicemodul abgesprengt und verglüht – wie Mitte Dezember bei der Rückkehr von Artemis 1 – in der Erdatmosphäre. Mitsamt des kostbaren Triebwerks.

Die Freiheiten zeigen, wie viel Vertrauen die USA ihren europäischen Partnern eingeräumt haben. Die Kooperation geschieht jedoch nicht ganz selbstlos. Der US-Kongress könnte jederzeit den Geldhahn für das milliardenteure Artemis-Programm zudrehen. In dieser komplizierten politischen Lage ist für die Nasa die Zusammenarbeit eine Art Lebensversicherung: Mit den Europäern an zentraler Stelle, so das Kalkül, seien die politischen Hürden viel höher, das Projekt von heute auf morgen einzustellen.

Zugleich ist die Kooperation Teil eines elaborierten Gegengeschäfts: Mit den ersten Servicemodulen, die der Nasa frei Haus geliefert werden, begleicht die Esa Schulden, die sie bei der Nasa für den Transport europäischer Astronautinnen und Astronauten zur Internationalen Raumstation sowie für deren Betrieb angesammelt hat. Ein Tauschgeschäft, Technik gegen Freiflüge.

Das Modul ist nicht nur das Ergebnis einer komplexen Koproduktion zwischen den USA und Europa, sondern auch zwischen den europäischen Staaten. Die Esa verteilte die Aufträge für den Bau des ESM an all jene europäischen Länder, die sich finanziell am Projekt beteiligen. Wasserabweisende Filter kommen daher aus Norwegen, Elektronik aus Dänemark, Motoren für die Solarpaneele aus der Schweiz. Zusammengeschraubt wird all das in Bremen, da Deutschland der Hauptzahler ist. Österreich macht nicht mit.

Beteiligt sind etwa sechzig Unternehmen aus zehn europäischen Ländern, sie alle müssen koordiniert werden. Für Siân Cleaver bedeutet das: ständige Verzögerungen, ständige Planänderungen, ständige Telefonate mit den Zulieferern, wann ein Teil kommt oder warum es sich verzögert. „Bei einem so komplexen Projekt besteht häufig eine gewisse Diskrepanz zwischen dem, was wir brauchen, und dem, was uns ein Zulieferer zum gewünschten Zeitpunkt bereitstellen kann", sagt die Airbus-Managerin diplomatisch.

Hinzu kommen technische Schwierigkeiten. Zum Beispiel bei den Ventilen: Um auf Pumpen verzichten zu können, deren bewegliche Teile fehleranfällig sind, entschied die Esa, dass Helium den Treibstoff mit hohem Druck in das Triebwerk pressen soll. Bis zu 400 Bar müssen die Ventile aushalten, hart an der Grenze des technisch Machbaren. Nicht immer erfüllten sie beim Testen ihre Aufgabe.

Das blieb nicht ohne Folgen: Das erste Servicemodul, 390 Millionen Euro teuer, sollte Anfang 2017 an die Nasa geliefert werden. Es wurde November 2018. Modul Nummer zwei war eigentlich in der ersten Hälfte des Jahres 2021 fällig. Es wurde zunächst August, dann Oktober. Inzwischen läuft es runder: ESM-3, vorgesehen für die geplante Mondlandung, ist laut Airbus weitgehend fertiggestellt und soll dieses Jahr

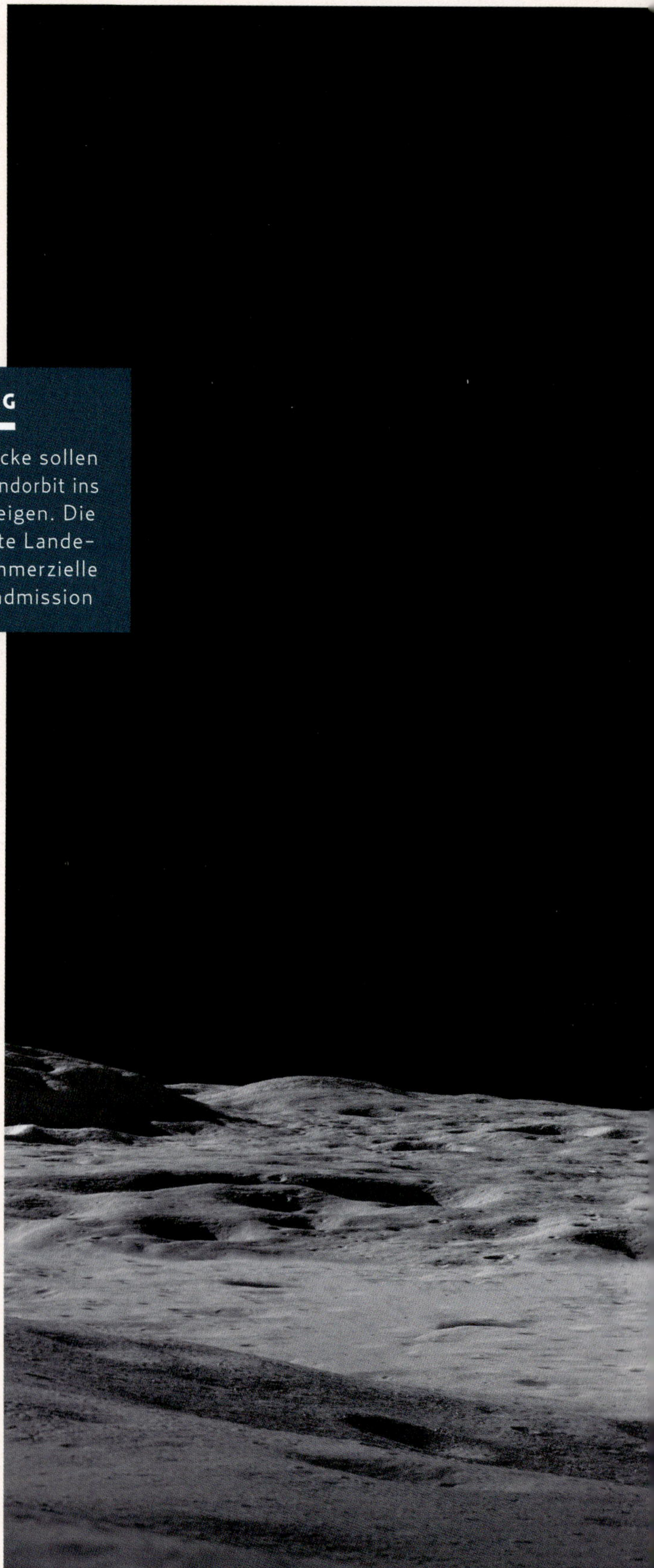

DIE LANDUNG

Für die letzte Wegstrecke sollen Astronaut*innen im Mondorbit ins »Starship HLS« umsteigen. Die von SpaceX entwickelte Landefähre ist das erste kommerzielle Raumschiff einer Mondmission

NASA

in die USA geliefert werden. ESM-4 für den Flug zum Gateway wird gerade zusammengebaut, ESM-5 soll bald folgen.

Hetzen lassen will sich in Bremen allerdings niemand, sonst könnte solch ein Projekt fatal enden. „Wir können nicht einfach ein Auge zudrücken, wenn ein Messwert beim Testen einmal außerhalb der erwarteten Spanne liegt", sagt Siân Cleaver.

Vor dem ESM, erzählt die Astrophysikerin, habe sie an wissenschaftlichen Raumfahrtmissionen gearbeitet, unter anderem an einer Sonnensonde. Doch nun, in der astronautischen Raumfahrt, sei vieles anders, der Druck höher, denn auf allen lastet die Verantwortung für Menschenleben. „Die Sicherheit von vier Astronautinnen und Astronauten hängt von der Qualität ab, die wir hier in Bremen liefern", sagt Cleaver. „Das Raumfahrzeug muss perfekt sein."

Perfekt, das heißt: 20 000 Komponenten müssen reibungslos zusammenarbeiten, mehr als elf Kilometer Kabel müssen verlegt werden, vier Treibstofftanks aus Titan mit jeweils 2000 Litern müssen Platz im Aluminiumzylinder finden. Alles ist extrem dicht gepackt.

DER AUSSENPOSTEN

Langfristig soll im Mondorbit das Lunar Gateway entstehen. Die Weltraumstation könnte als Zwischenstopp dienen, um regelmäßige Landungen auf dem Mond zu erleichtern

Viele Komponenten, etwa die Antriebselektronik oder die thermische Kontrolleinheit, sind zudem mehrfach vorhanden. Eine Sicherheitsmaßnahme: Schlägt auf einer Seite des Moduls etwa ein Mikrometeorit ein, dringt trotz der schützenden Hülle aus Kevlar ein und beschädigt ein zentrales System, dann befindet sich auf der gegenüberliegenden Seite das gleiche noch einmal. Solch ein Einschlag würde wohl das vorzeitige Ende der Mission bedeuten. Zurück käme die Crew aber trotzdem noch – dank der redundanten Technik aus Europa.

Ihren Teil der Arbeit hat die Esa weitgehend geleistet, nun liegt der Ball bei der Nasa. Ob sie ihren ambitionierten Zeitplan einhalten kann, ist allerdings noch offen. Artemis 1 hätte eigentlich schon 2017 abheben sollen, doch der Start verzögerte sich ein ums andere Mal. Das lag weniger am ESM als an Problemen mit der Schwerlastrakete: Das Space Launch System, kurz SLS, soll das Raumschiff „Orion" in den Erdorbit wuchten, bevor es von dort seine Reise allein fortführt. Doch die Technik der Rakete erwies sich als fehleranfällig. Da das SLS im Gegensatz zu modernen Raketen nicht wiederverwendbar ist, wird jeder Start mit rund vier Milliarden Euro zu Buche schlagen – zusätzlich zu den mehr als zwanzig Milliarden Euro an Entwicklungskosten.

Die „Orion"-Kapsel soll zwar die Crew sicher zur Erde bringen, kann aber ebenfalls nicht wiederverwendet werden, weshalb Teile der Bordelektronik von Artemis 1 ausgebaut und in die Kapsel von Artemis 2 integriert werden müssen – Arbeiten, für die die Nasa zwei Jahre veranschlagt, sodass mit dem nächsten Start frühestens Ende 2024 zu rechnen ist.

Für die Mission Artemis 3, die Mondlandung, benötigt die Nasa zudem eine Landefähre und neue Raumanzüge. Erst 2021 wurde eine Landefähre ausgewählt: Das Raumfahrtunternehmen SpaceX soll diese auf Basis seines Raumfahrzeugs „Starship" entwickeln; die Raumanzüge wurden sogar erst vergangenen September in Auftrag gegeben. Schwer vorstellbar, dass all das wie geplant bis Ende 2025 entwickelt, getestet und einsatzbereit sein wird. Für den ersten Flug zum Gateway braucht die Nasa zudem eine neue, leistungsfähigere Variante der SLS-Rakete, deren Finanzierung noch völlig offen ist.

L*ängst sind in den USA Stimmen* laut geworden, die Astronautinnen und Astronauten künftig mit dem „Starship" von SpaceX zum Mond zu transportieren, da dieses für die Landung ohnehin gebraucht wird. Noch allerdings hält der US-Kongress an „Orion" und der SLS-Rakete fest. Zu viele Arbeitsplätze und Fördermilliarden, auf die die Abgeordnet*innen in ihren Wahlkreisen nicht verzichten möchten, hängen an den Prestigeprojekten – und nicht zuletzt die Zusammenarbeit mit Europa.

Die Esa hat sich für ihre Hilfe beim Bau des Servicemoduls und des Gateways zwei bis drei Mitfluggelegenheiten zum Mond zusichern lassen. Voraussichtlich bei Artemis 4 und 5, den beiden Montageflügen der Mondraumstation, sollen europäische Raumfahrende an Bord sein. Offen ist nur noch, ob sie bei diesen Missionen im Gateway bleiben und ihren Kolleginnen und Kollegen bei der Mondlandung zusehen müssen oder ob die neue europäische Rolle beim Artemis-Programm sogar noch einen Schritt weiter reicht: Dann könnte der erste Europäer oder die erste Europäerin einen Fuß auf den Mond setzen.

DER GROSSE SCHWINDEL

Eine New Yorker Zeitung verkündet 1835: Es gibt Leben auf dem Mond. Das Publikum ist elektrisiert und fällt auf die Lügengeschichte herein

Text: **Tanja Beuthien**

Groß, leuchtend und in wechselnder Gestalt zieht er über den Himmel: der Mond. Mythen und Märchen ranken sich um ihn. Doch die Realität übersteigt alle Vorstellungskraft – wie die Leser und Leserinnen der New Yorker „Sun" im August 1835 erfahren. Es ist eine überbordende und fantastische Welt, die das Blatt ihnen eröffnet. In einer Serie von sechs detailreichen Artikeln lernen sie, dass dort oben Blumen blühen, rot wie Klatschmohn. Dass Biber auf zwei Beinen umherstolzieren, ihren Nachwuchs liebevoll in den Armen. Dass diese aufrecht gehenden Biber in der Nähe von Flüssen siedeln und ihre Hütten mit rauchendem Feuer beheizen. Dass daneben sogar menschenähnliche Wesen existieren: geflügelt, fledermausartig und am ganzen Körper mit kupferfarbenem Haar bedeckt. Dass diese aus poliertem Saphir Bauwerke erschaffen. Und sich offensichtlich völlig ungezwungen in freier Natur paaren und vergnügen.

Von diesen unglaublichen Dingen berichtet der Autor, ein gewisser Dr. Andrew Grant, ausführlich in gedrechselten Passagen. Am Dienstag, den 25. August 1835 erscheint der erste seiner Artikel, angeblich ein Nachdruck aus einer Beilage des renommierten „Edinburgh Journal of Science". Grant erzählt darin von seinem Besuch bei dem bekannten britischen Astronomen John Herschel, der gerade am Kap der Guten Hoffnung den Sternenhimmel kartografiert. Dort sei dem Forscher eine sensationelle Erfindung gelungen: ein völlig neuartiges Teleskop mit einer Linse von mehr als 24 Fuß Durchmesser, also mehr als sieben Metern, ergänzt um ein sogenanntes Wasserstoff-Sauerstoff-Mikroskop, das den gewählten Ausschnitt noch einmal vergrößere, beleuchte und auf eine Leinwand projiziere. Mit dem massiven Gerät ließen sich sogar Insekten auf dem Mond erkennen – ganz zu schweigen vom bläulichen Ziegenwesen, dem gehörnten Bären oder dem „Vespertilio-Homo", dem „Fledermausmenschen", wie Grant mit eigenen Augen bestätigen könne.

Die New Yorker sind elektrisiert von Grants Enthüllungen. Die Auflage der „Sun" – einer Pennyzeitung, die im Gegensatz zu den gängigen Abonnementzeitungen wie „Courier" und „Enquirer" nur einen Cent kostet – steigt, jedenfalls nach eigener Aussage des Blattes, von etwa 8000 auf bis zu 20 000 Exemplare pro Tag. Fast alle Zeitungen der Stadt drucken die Geschichten nach. Auch in Boston, Baltimore und Philadelphia finden die Artikel reißenden Absatz, vier Wochen später hat die Kunde sogar Europa erreicht.

FANTASIELANDSCHAFT
Der Sensationsbericht über das Leben auf dem Erdtrabanten zeichnet eine üppige Welt mit Bibern auf zwei Beinen und menschenähnlichen Wesen mit Fledermausflügeln

Ein Großteil der Leserschaft ist nur zu gern bereit, die Mondmär zu glauben, denn sie stützt sich auf bereits bekannte Tatsachen. Der Astronom John Herschel etwa ist zu seiner Zeit eine Berühmtheit. Immer wieder berichten Zeitungen über seine Forschungen. Auch seine Reise nach Südafrika ist gut dokumentiert. Die technische Beschreibung des Wunderteleskops gaukelt eine genaue wissenschaftliche Recherche vor und trifft überdies den Zeitgeist einer fortschrittsgläubigen Bevölkerung. Und das Wissenschaftsmagazin „Edinburgh Journal of Science" gilt als profunde und glaubwürdige Quelle.

Dass Herschel zum fraglichen Zeitpunkt tatsächlich weit entfernt am Kap der Guten Hoffnung weilt, dass Briefe nach Europa und Afrika Wochen brauchen, erschwert die Überprüfung von Grants Bericht zusätzlich.

Zu einem frühen Massenphänomen der Mediengeschichte wird die Monderzählung zudem durch die hohe Verbreitung der Zeitung, die erstmals mithilfe von Dampfmaschinen gedruckt wird, und durch ihren unschlagbar niedrigen Preis. Neu sind auch die Zeitungsjungen, die von der „Sun" seit knapp zwei Jahren eingesetzt werden und die den Inhalt und die Schlagzeilen in alle Straßen schreien. Innerhalb einer Woche summiert sich die Auflage auf gut 100 000 Exemplare, obwohl New York zu dieser Zeit nur 300 000 Einwohner hat. Und wer nicht davon gelesen hat, hat zumindest davon gehört. Die Fledermausmenschen fliegen um die Welt und gehen in kürzester Zeit viral.

Erst eine Woche später, am 31. August, macht der „New York Herald" dem Schwindel ein Ende. Unter der Überschrift „The Astronomical Hoax Explained" weist der Herausgeber James Gordon Bennett dem Konkurrenzblatt den „unverschämten Betrug" nach. Und entlarvt den Moon-Hoax („Mond-Schwindel") als eine der frühesten Fake News der Printgeschichte. Denn das „Edinburgh Journal of Science", aus dem die Artikel angeblich stammten, werde bereits seit 1833 nicht mehr gedruckt. Auch den Urheber der Phantasmagorie benennt Bennett: den britischen Schriftsteller Richard Adams Locke, der sich als direkter Nachfahre des Philosophen John Locke ausgibt. Ein gebildeter Europäer, der seit zwei Monaten bei der „Sun" arbeitet – und deren einziger Angestellter ist.

Doch obwohl Bennett in mehreren Artikeln gegen Locke und die Lügen der „Sun" wütet, bleibt die öffentliche Empörung fast völlig aus. Die Bevölkerung reagiert amüsiert, fühlt sich trotz allem gut unterhalten. Und kauft die „Sun" begeistert weiter. Ein ausführliches Geständnis legt Locke im Mai 1840 auf der Titelseite der „New World" ab. In dem Text bekennt sich der Autor zu einer „Satire" auf den Einfluss der Religion in der Wissenschaft. Theologen und christliche Astronomen würden gottgegebenes Leben in allen Teilen des Weltalls vermuten und damit luftige Fantasien an die Stelle harter Fakten setzen. Ironischerweise sind aber die Leser bereits so an die religiöse Sichtweise gewöhnt, dass ihnen die absurde Erzählung von den Fledermausmenschen plausibler erscheint als ein womöglich sinn- und Gott-entleerter Mond. Lockes satirische Fantasterei entlarvt nicht die Wissenschaft, sondern die Leichtgläubigkeit der Menschen.

Der Astronom John Herschel selbst erfährt erst Monate später von seiner angeblichen Entdeckung der fantastischen Mondlandschaften. Er soll gelacht haben.

»Das ist der Geruch des Weltraums«

166 Tage im Weltall: lange Laborstunden, quälendes Muskeltraining. Ein Außenbordeinsatz, der keine Fehler erlaubt. Und ein Heizgerät, das plötzlich in Rauch aufgeht. Alexander Gerst blickt zurück auf sein erstes kosmisches Abenteuer 2014

Interview: **Lars Abromeit**

Selfie im All: Während des Außenbordeinsatzes an der Internationalen Raumstation nimmt Gerst sich die Zeit für ein überirdisches Erinnerungsfoto

GEOkompakt: *Herr Gerst, am 28. Mai 2014, 23 Uhr Ortszeit, saßen Sie auf dem kasachischen Weltraumbahnhof Baikonur mit zwei Kollegen eingezwängt im Cockpit der „Sojus"-Kapsel, unter sich Hunderte Tonnen Treibstoff, bereit zu Ihrer ersten Reise in den Weltraum. Welche Sorgen hatten Sie in dem Moment?*

Alexander Gerst: Die größte Sorge, die man vor dem Start hat, ist die, dass im letzten Augenblick doch noch irgendetwas dazwischenkommt. Zum Glück wird diese Gefahr von Minute zu Minute geringer; aber der Adrenalinspiegel ist schon hoch in dieser Phase. Man weiß, wie viel Aufwand hinter einer solchen Mission steht – und dass man jetzt bloß nicht auf einen falschen Knopf drücken darf.

Alexander Gerst, Jg. 1976, erforschte als Geophysiker Vulkane in der Antarktis, in Äthiopien und Vanuatu. 2009 als Astronaut erwählt, fliegt er 2014 erstmals zur ISS. Bei seiner zweiten Mission 2018 übernimmt er als erster Deutscher das Kommando. Insgesamt 362 Tage verbringt er im All, so viele wie kein Deutscher zuvor.

Sie hörten während der Wartezeit „Über den Wolken" von Reinhard Mey, „Rückenwind" von Thomas D und „Major Tom" von Peter Schilling. Waren Sie wirklich so lässig?

Ja, das lernt man als Astronaut: gleichzeitig konzentriert und entspannt zu sein. Wir haben noch Witze gemacht. Unser Kommandant Max, der ja vorher schon einmal geflogen war, hat die Bodenkontrolle gefragt, welchen Puls er hat – auch um uns zu zeigen, wie ruhig er ist. Und dann kam zurück: „Super, Max, nur 72 – und übrigens: Du hast den höchsten Puls von euch dreien!" Da haben wir alle herzlich gelacht.

Dann sind wir gestartet – und nach wenigen Minuten, kurz nach der Trennung von der dritten Raketenstufe, hat tatsächlich ein Sensor gemeldet, dass der Druck in der Kabine sinkt. Da dachte ich erst einmal: Nee, das kann überhaupt nicht sein, so etwas passiert nur im Simulator! Ich hatte das Handbuch mit den Notfallprozeduren schon in der Hand, und wir waren kurz davor, die entsprechenden Verfahren einzuleiten und wieder zu landen. Zum Glück hat sich nach dreißig Sekunden aber herausgestellt, dass es nur ein Fehler des Sensors war, der sich falsch kalibriert hatte. Andernfalls wäre die Mission damit vorbei gewesen.

Und der erste Blick auf die Erde …

…war einfach nur großartig! Wir sind nachts gestartet und in den Tagesanbruch hineingeflogen. Man wird zwar stark in den Sitz gedrückt von der Beschleunigung der Rakete, aber im Fenster konnte ich bald schon eine sichelförmige Reflexion sehen, die immer blauer und blauer wurde. Das war der Erdschein! Und als ich dann besser hinausschauen konnte, habe ich Neuseeland erkannt, wo ich früher studiert habe. Ich habe in diesem Moment spontan gedacht: Eigentlich ist es doch beruhigend, als Geophysiker einmal mit eigenen Augen zu sehen, dass die Erde tatsächlich rund ist! Aber die Atmosphäre hatte ich mir viel dicker vorgestellt. Das war nur ein Hauch, so ein Nebel. Das sah sehr verletzlich aus.

Als Sie nach fast siebenstündigem Flug an der Internationalen Raumstation andockten und die Luke sich öffnete: Was ist Ihnen als Erstes aufgefallen?

Der Geruch. Ich bin – eigentlich eher zufällig – als Erster von unserem Team aus der „Sojus"-Kapsel herausgeschwebt. Die drei Kollegen, die bereits auf der Station waren, haben uns auf der anderen Seite der Luke erwartet. Das war ein toller Moment. Aber es hat für ein paar Minuten interessant gerochen, so technisch und mineralisch, wie man es sich in einem U-Boot vorstellt. Ich glaube, das ist der Geruch des Weltraums, der von der Spitze unseres angedockten Raumschiffs ausging. Denn auch als wir später während meiner Mission neue Raumtransporter an die Station angekoppelt und dann geöffnet haben, kam dieser Geruch wieder.

Die ersten Worte?

Um ehrlich zu sein: „Wo ist hier die Toilette?"

Ernsthaft?

(lacht) Ja! Ich steckte seit mehr als neun Stunden schon in dem Raumanzug, und wir haben darin zwar eine Art Windel für den Notfall, aber die zu benutzen, war für mich nur Plan C. Mein Kollege Reid und ich mussten beide recht dringend, und deshalb war das unsere erste Frage nach der Begrüßung.

> »Um elegant zu ***schweben,*** muss man ***wochenlang*** üben«

Konnten Sie in der ersten Nacht gut schlafen?

O ja, wie ein Stein, ein schwebender Stein. Ich war so müde nach den vielen Tests vor dem Start und dem langen Flug. Unser Kommandant auf der Raumstation, Steven Swanson, hat uns nur kurz die Feuerlöscher und Gasmasken gezeigt für den Notfall und uns dann schlafen geschickt.

Stimmt es, dass man während des Schlafs auf der ISS kosmische Strahlung sieht?

Im Tiefschlaf bemerkt man es nicht, aber wenn man vor dem Einschlafen die Augen schließt, dann sieht man alle paar Minuten auf einmal Blitze, mal in Linien, mal rund, je nachdem, wie die Strahlung auf die Netzhaut trifft.

Wie war es, plötzlich zu schweben?

Klasse, aber man muss in der Schwerelosigkeit noch einmal laufen lernen. Am Anfang habe ich nur die Hände benutzt und bin mit den Beinen tollpatschig überall gegengestoßen. Nach und nach wurde das immer besser. Ich habe gelernt, mich mit den Füßen in Haltegriffen so zu verhaken, dass ich die Hände frei hatte. Aber bis man elegant schwebt, muss man schon ein paar Wochen üben. Und die ganz feinen Tricks, etwa durch die gesamte Station zu fliegen, ohne dabei eine Wand zu berühren, die gelingen zum Teil erst nach Monaten.

Auf der Raumstation lebten während Ihrer Mission sechs Personen aus drei Nationen. Wie sind Sie miteinander ausgekommen?

Super, das lief so reibungslos, dass ich selbst etwas überrascht war. Ich war mit richtig guten Freunden zusammen! Wir hatten vorher schon so viel gemeinsam erlebt, beispielsweise beim Überlebenstraining, waren durch dick und dünn gegangen. Im Vergleich damit war die Zeit im Weltraum psychologisch gesehen relativ einfach.

Kleinigkeiten können sich hochschaukeln, das haben frühere ISS-Missionen gezeigt ...

Ja, aber wir haben gut aufeinander aufgepasst. Einer meiner Kollegen zum Beispiel hatte beim Packen, das mehr als ein Jahr vor dem Start zu geschehen hat, wenn man ganz andere Dinge im Kopf hat, aus Versehen all seine Unterhosen in einer zu kleinen Größe bestellt. Neunzig Stück! Die haben wir dann gemeinsam an einem Sonntagnachmittag an der Seite ein wenig aufgeschnitten, sodass sie ihm besser passten. Kleine Geste, aber er hat sich gefreut!

Sie hatten neunzig Unterhosen dabei?

Ja, wir können auf der Raumstation ja nicht waschen. Wenn man ein halbes Jahr bleibt, braucht man entsprechend Vorrat: ein

Schwindelfrei? Während seines »Weltraumspaziergangs« schwebt Gerst auf dem Roboterarm an der Station entlang – bei 28 000 km/h

T-Shirt pro Woche, Sportsachen für je zwei Wochen, zwei lange Hosen pro Expedition und alle zwei Tage zum Glück neue Unterwäsche.

Was haben Sie noch getan, um Konflikte gar nicht erst aufkeimen zu lassen?

Wenn einer Kopfschmerzen hatte oder ein Experiment nicht gut lief, haben die anderen ihn aufgemuntert, mal einen Extra-Kaffee gemacht oder einen Keks mit Nutella geschmiert. Vor allem mit Reid hatte ich dieses Ritual: Einer von uns gießt einen Beutel mit Cappuccino auf, schiebt ihn los und warnt den anderen erst im letzten Moment, auf welcher Seite der Beutel geflogen kommt und mit welcher Hand dieser zu fangen ist. Anfangs sind da zwar einige Cappuccinos gegen die Wand geklatscht, aber die sind gut verschweißt. Und am Ende hatten wir diesen Trick perfekt drauf.

Das Wichtigste ist, glaube ich, dass man sich gegenseitig stets voll respektiert, dass man immer aufmerksam ist, offen miteinander redet. Bei einer Weltraummission bereitet man sich gut vor und achtet auf diese Dinge; aber auch auf der Erde könnten wir viele Konflikte vermeiden, wenn wir solche einfachen Umgangsregeln beachten würden.

Haben Sie zwischendurch Zeit und Platz gefunden, für sich allein zu sein?

Sicher, die ISS ist ja insgesamt fast so groß wie ein Jumbojet. Oft habe ich stundenlang allein an meinen Experimenten im Columbus-Labor gearbeitet. Da war ich froh, beim Mittagessen mal wieder die anderen zu treffen. Und jeden Samstag zum Beispiel, nach dem wöchentlichen Putzdienst, habe ich mich mit einem Cappuccino und meinem Tablet-PC in einen Moduldurchgang verzogen, in dem ich mich gemütlich mit den Beinen verankern konnte. So habe ich dann Nachrichten gelesen und mit Kameraden gequatscht, die vorbeikamen. Das war mein Wochenendritual.

Konnten Sie auf der ISS wie auf der Erde im Internet surfen?

Theoretisch ja, wir haben eine sichere Verbindung zu einem Computer am Boden, über den wir das Internet nutzen können. Aber die Übertragung ist sehr, sehr langsam.

Forschungsfieber: Hunderte Stunden verbringt Gerst mit Experimenten – an Krebszellen und Plasmakristallen, Spektrometern und Seifenblasen

Was haben Sie in der Zeit am meisten vermisst?

Man vermisst immer das, was man gerade nicht hat. Zum Beispiel mit Freunden auf einer Dachterrasse zu grillen, einen Salat oder vielleicht eine Pizza zu essen, im Wald zu joggen, den Regen. Wir hatten ja Laufbänder und Seilzuggeräte, ich habe zweieinhalb Stunden pro Tag dort trainiert: Aber man braucht dafür leider ein Gurtgeschirr, das die Schwerkraft ersetzt. Das schneidet sich in den Rücken ein wie ein neunzig Kilogramm schwerer Rucksack, bei meinem Gewicht. Das war kein großer Spaß, zumindest nicht jeden Tag.

Zweieinhalb Stunden pro Tag eine solche Tortur?

Ja, es ist fester Bestandteil des Tagesprogramms. In der Schwerelosigkeit geht sonst schnell Muskelmasse verloren.

Auch darüber hinaus hatten Sie sich sehr viel vorgenommen für den Flug: mehr als hundert Experimente, dazu Medizintests, Wartungsarbeiten, Medieninterviews. Gab es Momente, in denen Sie dachten, das wird zu viel?

Am Anfang fand ich es wirklich anstrengend, weil ich in jeder Minute auf der Station etwas Neues gelernt habe. Die Amerikaner sagen: „Man trinkt aus dem Feuerwehrschlauch." Das trifft es ganz gut: Die Module sind so komplex, mit so vielen Schaltern und Kabeln bestückt, die Prozeduren sind kompliziert. Da habe ich manchmal gedacht: Wenn das so weitergeht, wird es ein anstrengendes halbes Jahr für mich. Aber nach zwei oder drei Wochen hat sich mein theoretisches Wissen in praktisches Wissen verwandelt, ich hatte die schwierigen Sachen unter Kontrolle, vieles schon mal gemacht. Von da an fühlte ich mich ziemlich sicher.

Schnelle Runde um die Welt: Gerst trainiert täglich – und hat am Ende seiner ersten Mission sogar drei Kilogramm Muskelmasse zugenommen

Eine Grenzerfahrung?

Vor meinem Flug hatte ich es in der Tat für möglich gehalten, dass ich hier meine Grenze erreichen könnte, vielleicht sogar überschreiten würde. Vor einer solchen Situation haben wir Menschen ja oft Angst – und zu Recht: Wir wissen nicht, wie wir reagieren würden. Aber manche von uns treibt die Neugier eben dazu, das Risiko in Kauf zu nehmen und doch genauer zu schauen, wo die eigene Grenze tatsächlich liegt. So sind wir Astronauten auch: Wir suchen nicht nach unserer Grenze, aber wir lassen uns auch nicht davon abschrecken, in ihre Nähe zu kommen. Die Neugier ist stärker als die Furcht.

Interessanterweise habe ich bisher in meinem Leben immer nur gelernt, wo meine Grenze nicht ist. Auch auf der ISS: Ich war nicht am Limit. Und ich glaube, dass es den allermeisten Menschen genauso ergehen würde. Wir können oft viel mehr schaffen, als wir für möglich halten. Wir müssen es nur versuchen.

Bevor Sie Astronaut wurden, haben Sie den aktiven Vulkan Mount Erebus in der Antarktis erforscht. Wo haben Sie sich isolierter gefühlt: Bei Ihren Expeditionen in der Antarktis oder im All?

In der Antarktis, auf jeden Fall. Einmal habe ich mich dort mit einem Kollegen per Flugzeug auf einem Eisfeld absetzen lassen, um eine Seismometerstation aufzustellen: 800 Kilometer vom nächsten Lebewesen entfernt, bei minus 45 Grad Celsius. Das war ein unvergessliches Erlebnis, so völlig allein zu sein.

Die Raumstation dagegen fliegt nur 400 Kilometer über dem Erdboden. Wir könnten jederzeit in die angedockte „Sojus"-Kapsel steigen und nach Hause fliegen. Auch die Kommunikation ist auf der ISS viel einfacher, weil wir im Prinzip auf jedem Telefon der Welt anrufen können. Das habe ich oft genutzt, um mit Freunden und meiner Familie zu reden – die waren erst mal sprachlos, wenn sie merkten, dass ich aus dem All anrufe.

> »Man ***vermisst,*** was man gerade nicht hat: Freunde, ***Pizza,*** Regen«

Was war, im Rückblick, Ihr schönstes Erlebnis in dieser Zeit?

Der Außenbordeinsatz! Das ist die Königsdisziplin in der Raumfahrt, weil man als Astronaut dabei wirklich all

sein Können anwenden kann und muss. Reid und ich sollten draußen an der Station eine defekte Kühlpumpe einsammeln. Mehr als sechs Stunden hat das gedauert, und als wir wieder zurück waren und langsam die Anspannung von uns abfiel, abends beim Essen, ist uns bewusst geworden: Das ist echt gut gelaufen, wir können stolz auf uns sein! So intensive Momente sind selten.

Und der schwierigste Augenblick?

... hatte auch mit dem Außeneinsatz zu tun: Eigentlich war der Termin dafür nämlich zwei Monate früher geplant gewesen. Wir hatten alles schon vorbereitet, die Abläufe durchgesprochen, die Werkzeuge in den Kisten verstaut. Und dann gab die Bodenkontrolle auf einmal durch, dass in den Batterien, wie wir sie auch in den Raumanzügen verwenden, ein Fehler entdeckt worden sei, der einen Kurzschluss verursachen könnte. Unser Einsatz war abgesagt – nur wenige Tage, bevor er losgehen sollte. Das war eine herbe Enttäuschung, auch für das verantwortliche Team. Aber so läuft es manchmal in der Raumfahrt, und es war die richtige Entscheidung. Umso schöner, dass dann doch noch einer der Raumfrachter neue Batterien an Bord hatte – und wir unseren Einsatz glatt durchführen konnten.

Wie fühlt es sich an, in den Weltraum hinauszugehen?

Viel leichter, als ich es mir vorgestellt hatte. Kurz bevor ich die Luke aufgemacht habe, dachte ich intuitiv, „Jetzt wird es kalt!" – obwohl das natürlich Quatsch ist, der Raumanzug ist ja klimatisiert. Aber wir Menschen sind doch Gewohnheitstiere. Dann bin ich rückwärts raus, habe runtergeschaut und war beeindruckt: Beim Training kam da immer der Boden des Wasserbeckens – und jetzt? 400 Kilometer nichts, dann die Erde, die sich unter einem dreht! Ich habe die Sicherheitsleinen eingehängt, die Haken ein Dutzend Mal kontrolliert und dann losgelassen und mich zurückgelehnt. Ging ganz gut! Das hat sich ähnlich sicher angefühlt wie beim Klettern an einer Felswand, wenn man im Seil hängt. Eigentlich sehr entspannt.

Aber die Orientierung ist gar nicht einfach, man hat keine Referenz mehr wie im Innern der Station. Man muss sich vorher genau einprägen, in welche Richtung man losschweben muss; das haben manche Astronauten auch schon verwechselt. Ich hatte das Privileg, mit der riesigen Kühlpumpe neben mir an der Spitze des Roboterarms zu stehen, der ausgestreckt siebzehn Meter lang ist, und so von der einen Seite der ISS bis zur anderen geflogen zu werden. In diesen zwanzig Minuten hatte ich Zeit, auf die Erde zu schauen. Unter mir schwebte gerade Patagonien durch. Das war bisher mit Abstand die eindrucksvollste Erfahrung in meinem Leben.

Wirkt die Welt plastischer durch das zwei Millimeter dünne Helmvisier als durch die Fenster der ISS?

Ja, weil man im Raumanzug freie Sicht hat, ein Blickfeld von 180 Grad. Die Erde leuchtet in einem extremen Blau, man hört bloß den Ventilator des Anzugs. Irre! Für große Romantik bleibt allerdings wenig Zeit: Wir hatten eine 500-stufige Prozedur zu erledigen, ich musste ständig mit

»Der ***Außeneinsatz*** war der schwierigste Moment – und der ***schönste***«

Oben? Unten? Egal! Das Cupola-Modul bietet der Crew »verdrehte« Ansichten auf die Erde. Und bei Sonnenauf- und -untergängen können sie hier in Licht duschen

Reid und der Bodenkontrolle kommunizieren, dabei zugleich auf die Sicherungsleinen achten und auf die Füße, damit ich mich nicht verhake. Und die Parameter meines Anzugs musste ich auch im Blick haben: mein Lebenserhaltungssystem. Damit war ich gut ausgelastet.

Ein Protokoll mit 500 Arbeitsschritten, um eine einzige Kühlpumpe zu versetzen?

Ja, genau. Jeder Handgriff muss stimmen, die Fehlertoleranz ist da draußen sehr eng.

Mussten Sie jemals während Ihrer Mission auf Ihr Notfalltraining zurückgreifen?

Einmal hatten wir einen Feueralarm, weil im russischen Modul ein Wasserheizer in Rauch aufgegangen war. Die Heizspirale war durchgebrannt. Da lässt man sofort alles liegen, verständigt sich über Funk und geht die Notfallprozedur durch: Wo sind die Kollegen? Wie schlimm ist die Lage? Letztlich hat das Gerät sich selbst ausgeschaltet, wir mussten nur noch den Hauptschalter umlegen. Trotzdem: beruhigend, dass wir alle sofort richtig reagiert haben.

Wie sind die Experimente gelaufen?

Wir haben einen neuen Rekord aufgestellt und über achtzig Stunden pro Woche wissenschaftlich gearbeitet: an Experimenten, die nirgendwo auf der Erde zu machen wären. Die ISS ist das einzige Labor, in dem wir die Schwerkraft als störenden Faktor dauerhaft eliminieren können. So haben wir zum Beispiel die Immunabwehr gegen Krebszellen in einer Flüssigkeit untersucht, in der die Zellen frei schweben – was die Situation im menschlichen Körper viel besser simuliert als ein flacher Ausstrich in einer Petrischale. Oder wir haben geschaut, wie sich Flammen verhalten, ohne durch Gravitation oder Konvektionsströme beeinflusst zu werden. Diese Erkenntnisse helfen uns dann auf der Erde, Verbrennungsprozesse zu optimieren – in Kraftwerken oder Automotoren etwa. Aus früheren Experimenten in der Schwerelosigkeit, die wir fortgesetzt haben, sind etwa Medikamente gegen Osteoporose entwickelt worden. Oder Materialien, die heute in jedem Smartphone stecken, bei Herzoperationen und in Flugzeugtriebwerken eingesetzt werden.

Und dann wieder gab es auch spannende Experimente, die sich direkt auf die Erforschung des Weltalls beziehen. Wie das alphamagnetische Spektrometer, das Daten zur dunklen Materie sammelt und damit zur Frage: Wie ist das Universum entstanden? Oder unsere Tests mit Bakterien, die wir an der Außenseite der ISS angebracht haben – um zu verstehen, ob und wie sie es schaffen, im Kosmos zu überleben.

Mussten Sie bei den Versuchen manchmal auch improvisieren?

Bei einem besonderen Schmelzofen für Metalllegierungen, den wir auf der Station installieren sollten, hatte sich ein Bolzen verklemmt. Den wollten wir absägen, aber die Bodenkontrolle hatte Bedenken, dass sich Metallspäne in der Luft verteilen. Da habe ich vorgeschlagen, das Sägeblatt mit Rasierschaum einzuschmieren: Daran bleiben die Späne haften. Alter MacGyver-Trick! Das haben die Fachleute auf der Erde zwei Wochen lang ausprobiert, waren einverstanden, – und so haben wir den Ofen dann in Betrieb nehmen können.

Sie haben auch Experimente erprobt, die Schülerinnen und Schüler entworfen hatten. Konnten Sie auch selbst dabei etwas lernen?

Allerdings. Zum Beispiel, dass Seifenblasen im All so stabil sind, dass sie nicht platzen, wenn man mit einer Nadel hineinsticht! Das hätte ich nicht gedacht.

Nach 166 Tagen flogen Sie zurück zur Erde. Damals wussten Sie nicht, ob Sie je wieder in den Weltraum fliegen würden. Fiel es Ihnen schwer, Abschied vom All zu nehmen?

Ja und nein. Ich hatte mich darauf eingestellt, und am Abflugtag selbst hat man so viel zu tun, dass für solche Gedanken gar keine Zeit bleibt. Aber am Wochenende davor habe

Kasachstan, 10. November 2014, 9.57 Uhr Ortszeit. »Die Erde riecht großartig!«, erklärt Gerst nach der turbulenten, aber sicheren Landung

Der deutsche Pionier

87 Menschen fliegen von 1961 bis 1978 in den Weltraum, allesamt aus der UdSSR oder den USA. Dann nimmt die Sowjetunion erstmals Bürger aus ihren Bruderstaaten mit, aus der Tschechoslowakei, Polen und schließlich der DDR. Erwählt wird Sigmund Jähn, Oberstleutnant der NVA-Luftstreitkräfte, Kind einer Arbeiterfamilie und frühes Mitglied der SED. Am 26. August startet Jähn vom Kosmodrom Baikonur. Er verbringt knapp acht Tage im Orbit und umrundet 125 Mal die Erde. Auf der sowjetischen Raumstation Saljut 6 experimentiert er mit Kristallen und der neuen Multispektralkamera der DDR. In einer Fernsehübertragung für Kinder lässt er das Sandmännchen schweben und verheiratet es spontan mit der sowjetischen Puppe Mascha.

Nach seiner Rückkehr wird Sigmund Jähn zu einem der wenigen Helden, auf den sich die Menschen in der DDR einigen können. Jähn gilt als bescheiden und zurückhaltend. Nach der Wende engagiert er sich als Mittler zwischen der Raumfahrt in Ost und West. Sein Credo: „Künftige Ziele, zum Beispiel den Mars, werden wir nur gemeinsam erreichen können."

ich Abschied genommen. Das war auch wichtig. Ich habe Musik angemacht und von der Cupola aus noch einmal ganz in Ruhe die Erde betrachtet. Dann bin ich weiter durch die Station geflogen, ohne ein Ziel, und habe bewusst darauf geachtet, wie es sich anfühlt, frei zu schweben. Man vergisst so schnell, wie besonders das ist. Ich habe aufgeräumt, den Schlafsack und meine wenigen privaten Sachen eingepackt. Ich wusste, jetzt ist es Zeit. Und ich dachte natürlich auch: Vielleicht werde ich nie in den Weltraum zurückkehren. Aber ich habe mich vor allem gefreut, wieder nach Hause zu kommen. Zur Erde.

Wie haben Sie den Wiedereintritt in die Atmosphäre erlebt?

Das war eine heftige Achterbahnfahrt – mal zehn! Im Fenster konnte ich sehen, wie brennende Teile des Raumschiffs direkt neben mir wegflogen und verglühten. Wenn dann die Bremswirkung einsetzt, fühlt sich das so an, als würde man in einem Auto mit zweihundert Kilometer pro Stunde fahren und innerhalb einer Sekunde zum Stehen kommen. Die Zunge wird nach hinten gedrückt, ich konnte kaum atmen. Und der Aufprall ist brutal. Als wir dann endlich am Boden waren, hat sich der Fallschirm noch einmal aufgebläht und uns wieder fortgeschleift und durcheinandergewirbelt, bis uns die Rettungsmannschaft aus der Kapsel geholfen hat.

Viele Astronautinnen und Astronauten können nach ihrer Rückkehr kaum laufen; Sie hingegen waren gleich bestens in Form. Ihr Rezept dafür?

Ich habe da oben so viel trainiert, dass ich danach fitter war als zuvor. Sogar meine Haut war jünger geworden: Wissenschaftler haben vor und nach der Mission das Verhältnis von Kollagen und Elastin darin untersucht, eigentlich nur um die Theorie zu überprüfen, dass die menschliche Haut in der Schwerelosigkeit schneller altert. Ist offenbar nicht ganz richtig! Woher das kommt, weiß man nicht. Aber vielleicht können wir aus der Studie einen praktischen Nutzen ziehen. Das würde sicherlich viele Menschen interessieren.

Was war anstrengender: Die Zeit auf der Raumstation oder der Empfang auf der Erde?

Der Empfang! Das Problem war: Über die Rückkehr hatte ich mir keine großen Gedanken gemacht. Ich dachte, ich könne jetzt etwas entspannen – bis mir auffiel, dass mein Tagesplan für die sechs Wochen nach meiner Landung keinen einzigen freien Tag vorsah. Auch nicht am Wochenende! Wir mussten die Forschungsergebnisse auswerten, die medizinischen Nachuntersuchungen absolvieren und hatten Hunderte Interview- und Veranstaltungsanfragen.

Sehen Sie die Erde seit Ihrer Rückkehr mit anderen Augen?

Ja. Der Perspektivwechsel, die Erde von außen zu sehen, wirkt noch nach. Selbst als Geophysiker habe ich mir nicht vorstellen können, dass das Leben auf der Erde von Weitem betrachtet so dünn und empfindlich aussieht wie eine Schicht Algen auf einem Stein. Mehr ist da nicht. Diese Einsicht möchte ich gern weitergeben: dass alles, was uns hier unten umgibt, keineswegs garantiert ist, sondern nur eine kosmische Ausnahme, auf die wir aufpassen müssen.

Redakteur Lars Abromeit lernte Gerst 2005 auf einer Antarktis-Expedition kennen. Seither arbeiten sie oft zusammen, zuletzt für das Buch »**HORIZONTE – WARUM WIR ENTDECKEN**«.

Die WG im All

Sieben Astronaut*innen teilen sich in der International Space Station (ISS) nahezu das Platzangebot eines Jumbojets. Etwa alle 92 Minuten umrunden sie die Erde – ein strikter Zeitplan hält ihren Biorhythmus im 24-Stunden-Takt

Illustration: **illuteam43**

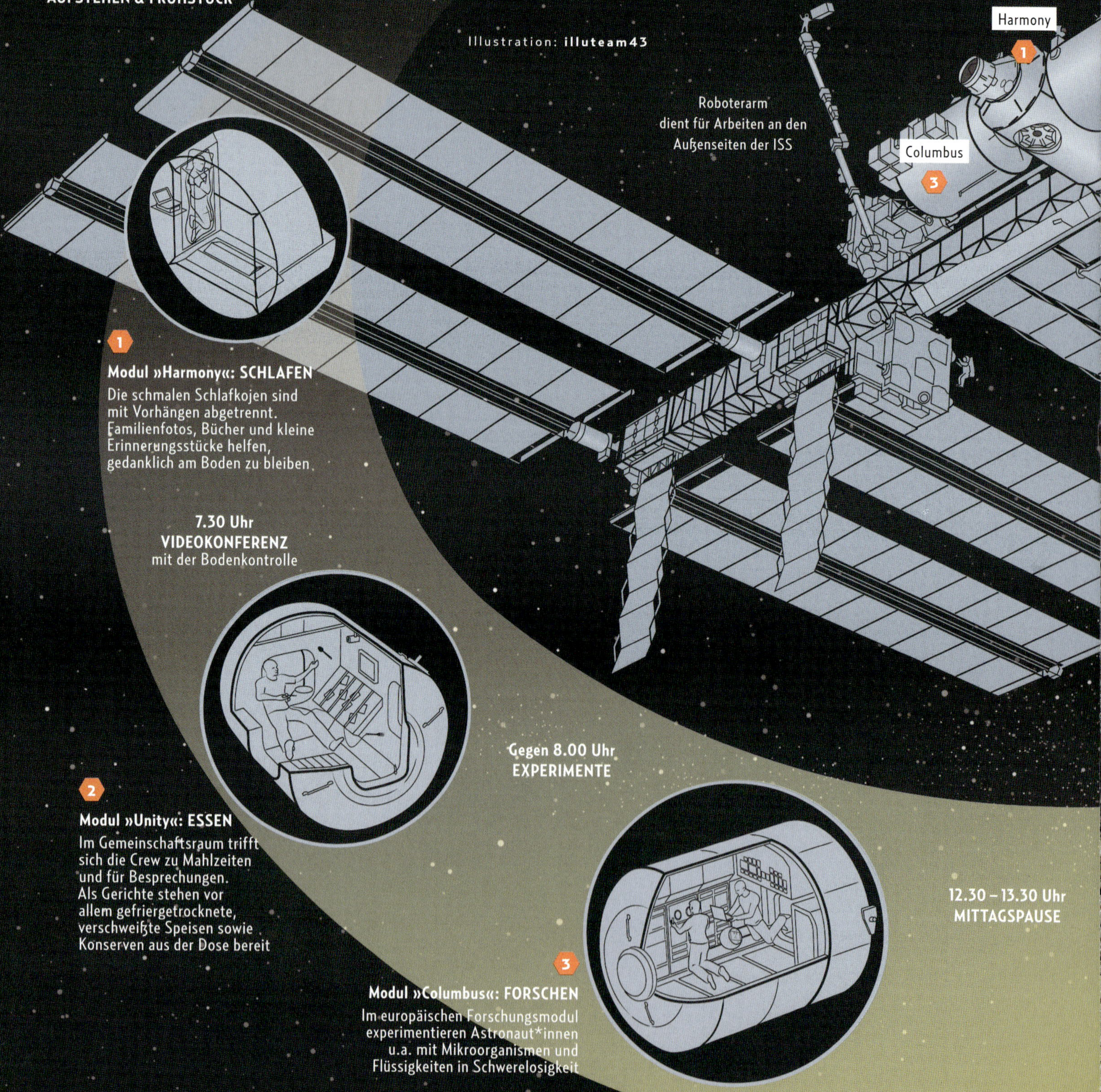

6.00 Uhr Weltzeit
AUFSTEHEN & FRÜHSTÜCK

1

Modul »Harmony«: SCHLAFEN
Die schmalen Schlafkojen sind mit Vorhängen abgetrennt. Familienfotos, Bücher und kleine Erinnerungsstücke helfen, gedanklich am Boden zu bleiben

7.30 Uhr
VIDEOKONFERENZ
mit der Bodenkontrolle

2

Modul »Unity«: ESSEN
Im Gemeinschaftsraum trifft sich die Crew zu Mahlzeiten und für Besprechungen. Als Gerichte stehen vor allem gefriergetrocknete, verschweißte Speisen sowie Konserven aus der Dose bereit

Gegen 8.00 Uhr
EXPERIMENTE

3

Modul »Columbus«: FORSCHEN
Im europäischen Forschungsmodul experimentieren Astronaut*innen u.a. mit Mikroorganismen und Flüssigkeiten in Schwerelosigkeit

12.30 – 13.30 Uhr
MITTAGSPAUSE

Flugverkehr

Mit jeder »Sojus«-Kapsel können drei Menschen zur ISS fliegen, mit dem Raumschiff »Dragon« sogar vier; die meisten bleiben sechs Monate lang. Unbemannte Raumfrachter bringen Nahrung, Treibstoff und Kleidung

20.00 Uhr ABENDESSEN

19.30 Uhr FEIERABEND

4

Modul »Tranquility«: WASCHEN UND SPORT

Um fit zu bleiben, trainieren die Astronaut*innen täglich etwa zweieinhalb Stunden. Statt einer Dusche gibt es zum Waschen danach nur Feuchttücher. In der Toilette dient ein Unterdruckschlauch als Spülung, Urin wird zu Trinkwasser aufbereitet

5

Modul »Cupola«: ENTSPANNEN

Etwa 65 Arbeitsstunden haben die Astronaut*innen pro Woche. In der Freizeit besonders begehrt: ein Platz in der Aussichtskuppel, das mit sieben Panoramafenstern einen einzigartigen Blick auf den Heimatplaneten ermöglicht

Grüne Helfer für die Reise

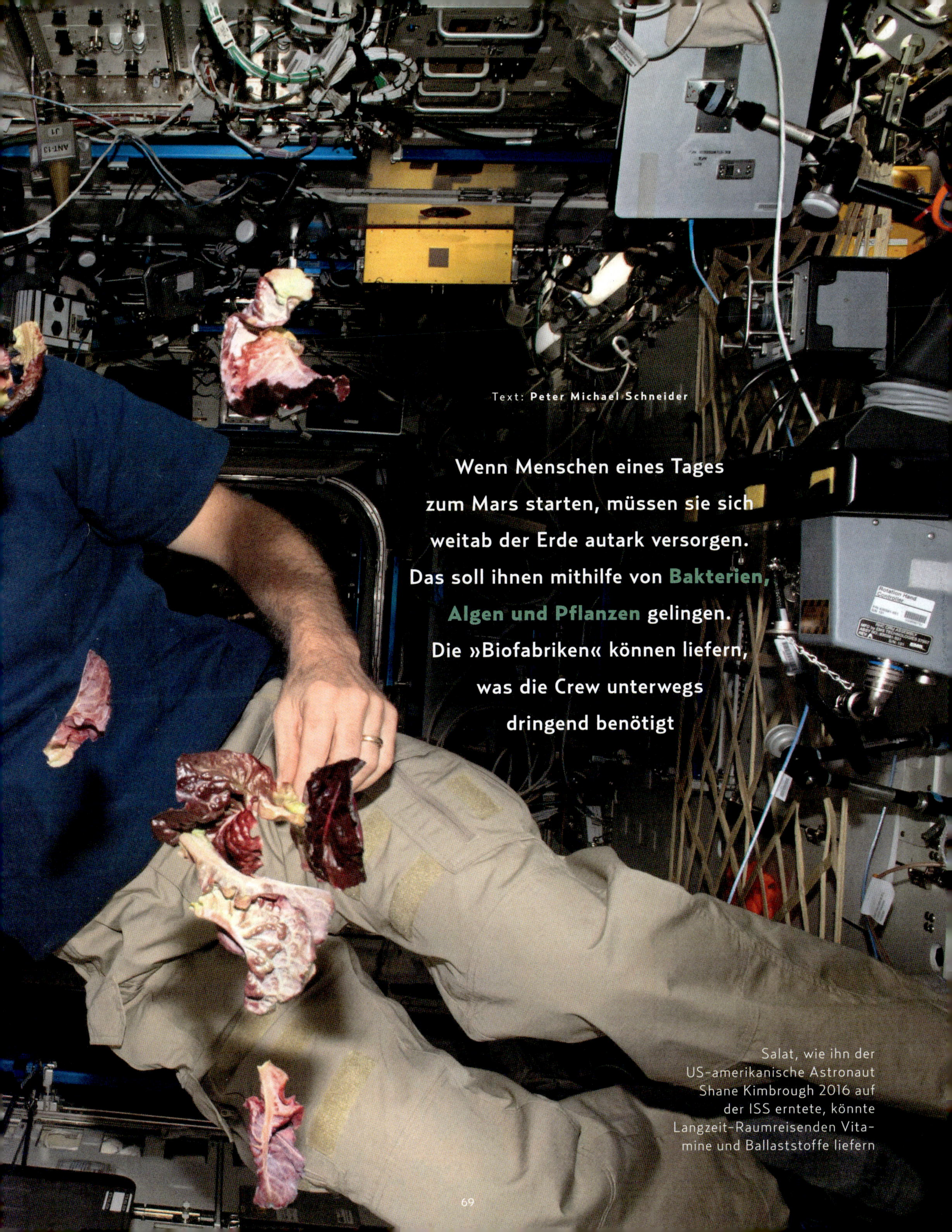

Text: **Peter Michael Schneider**

Wenn Menschen eines Tages zum Mars starten, müssen sie sich weitab der Erde autark versorgen. Das soll ihnen mithilfe von **Bakterien, Algen und Pflanzen** gelingen. Die »Biofabriken« können liefern, was die Crew unterwegs dringend benötigt

Salat, wie ihn der US-amerikanische Astronaut Shane Kimbrough 2016 auf der ISS erntete, könnte Langzeit-Raumreisenden Vitamine und Ballaststoffe liefern

Die ISS bekommt Nachschub von der nahen Erde. Auf einer Marsreise dagegen muss sich eine Crew selbst mit allem Lebensnotwendigen versorgen

So etwas Knackiges bekommen Astronauten und Astronautinnen auf der Internationalen Raumstation (ISS) selten zu essen. Als sie 2018 Römersalat aus ihrem Gewächshaus „Veggie" ernteten, froren sie ihn nicht wie üblich ein, um ihn zwecks Analysen zur Erde zu schicken. Stattdessen versetzten sie die frischen Blätter mit ein paar Spritzern Balsamicoessig ... und verspeisten sie. Erkenntnis des außerirdischen Geschmackstests: Weltraumgrün schmeckt sehr gut.

Die Episode ist ein Vorgeschmack auf eine Zukunft, in der Menschen über lange Phasen im Weltraum leben werden. Denn falls Nasa und Esa im Lauf der kommenden Jahrzehnte wie geplant zum Mars fliegen, müssen sie ihre Raumschiffe anders ausrüsten als bisher die ISS, zu der regelmäßig Transporte mit Lebensnotwendigem starten.

Wenn es auf der Raumstation einmal brenzlig wird, kann die Crew aus der Umlaufbahn in wenigen Stunden zur Erde zurückkehren. Ein Raumschiff im interplanetaren Raum hingegen kann nicht einfach umdrehen. Der rettende Heimatplanet mit Krankenhäusern, vollen Kühlschränken, Ersatzteillagern und Unmengen frischer Atemluft ist Monate entfernt.

„Anders als auf der ISS müssen wir ökologisch denken, wenn wir zum Mars reisen", sagt daher Klaus Slenzka, Leiter des Bereichs Life Sciences beim Bremer Raumfahrtunternehmen OHB. Lebenserhaltende Systeme müssen künftig so weit wie möglich in Kreisläufen funktionieren. Die Teams müssen sich unterwegs selbst versorgen und anfallende Reparaturen mit Bordmitteln durchführen können.

Für die Aufgabe, das Lebensnotwendige zu produzieren, setzen Raumfahrtagenturen auf Organismen, die uns auch auf der Erde beim Überleben helfen: auf Bakterien, Algen und höhere Pflanzen. Sie sollen die Crews unabhängig machen.

Bisher sahen Ingenieure und Ingenieurinnen nur ungern Lebendiges an Bord von Raumschiffen. Selbst Menschen verursachen in ihren Augen nur Probleme: Sie atmen, essen und erzeugen unerwünschte Ausscheidungen, unter anderem etwa gut hundert Gramm Fäka-

lien, knapp zwei Liter Urin und tausend Gramm CO_2 am Tag.

Die menschlichen Stoffwechselprodukte versuchen Konstrukteure in Raumschiffen technisch in den Griff zu bekommen. Das CO_2 wird chemisch aus der Luft gefiltert, frischer Sauerstoff kommt großteils aus dem Tank. Aus dem Urin wird Wasser zurückgewonnen, die verbliebenen Ausscheidungen landen im Müll.

Für komplexere, lebensnotwendige Substanzen wie Kohlenhydrate, Proteine, Vitamine existieren keine chemischen Produktionsverfahren. Pflanzen und Bakterien stellen solche Stoffe aber leicht her. Sie brauchen dafür lediglich eine überschaubare Zahl an Nährstoffen, die praktischerweise direkt von den Astronauten geliefert werden: in Form der bisher unerwünschten Ausscheidungen. Auch Energie für die Fotosynthese gibt es reichlich. Direktes Weltraum-Sonnenlicht würde Pflanzen zwar schädigen, man könnte es aber gefiltert über Spiegel und Glasfasern ins Innere eines Raumschiffs leiten.

Die Ausscheidungen der Astronauten können an Bord **Dünger** für die Pflanzen liefern

Was bräuchte also eine sechsköpfige Crew auf ihrem Weg zum Mars? Laut der „Mars-Design-Referenzarchitektur" der Nasa dauert die Reise voraussichtlich circa drei Jahre – etwa 200 Tage Hinflug, knapp 500 Tage Aufenthalt, dann 200 Tage zurück. Die etwa 500 Tage müssen die Astronauten und Astronautinnen auf dem Mars bleiben, weil erst dann die Erde wieder so günstig steht, dass sie mit möglichst wenig Treibstoff nach Hause fliegen können.

Welche Medikamente und Ersatzteile die Raumreisenden benötigen, lässt sich nicht genau voraussagen. Auf jeden Fall brauchen sie pro Tag etwa vier Liter Wasser zum Trinken und Waschen, 600 Gramm Nahrungsmittel und 800 Gramm Sauerstoff zum Atmen. Das summiert sich über die ganze Reise gerechnet auf 35 Tonnen. Das ist zu viel: Jedes

Bevor die Nasa Mizuna-Salatpflanzen zur ISS schickte, testete sie zunächst im irdischen Labor die besten Wachstumsbedingungen

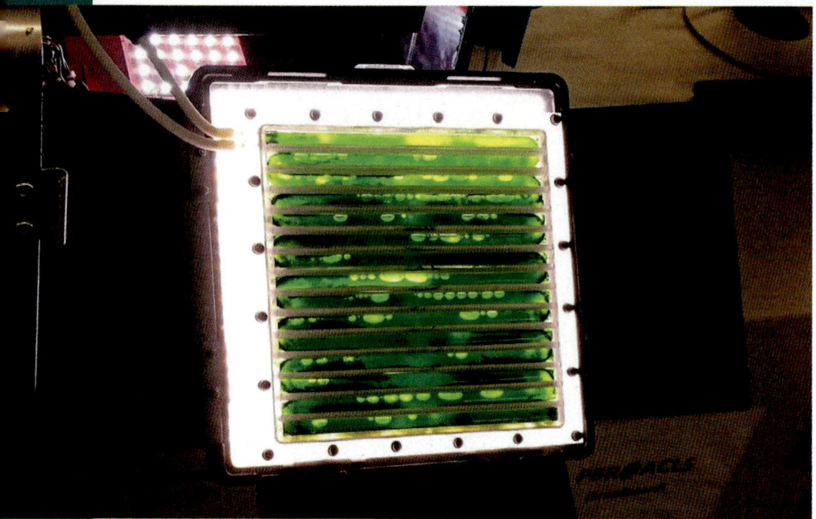

Die Süßwasseralge *Chlorella vulgaris* (oben) soll, in einem Bioreaktor wachsend, die Luft eines Raumschiffs erneuern. Auf der ISS experimentierte Alexander Gerst mit der Alge *Chlamydomonas reinhardtii* als Sauerstoff- und Nahrungslieferant

Kilogramm Proviant erfordert mehr als 220 Kilogramm Treibstoff, um es Richtung Mars zu befördern.

Die Nasa plant daher, der Crew einige kompakte und haltbare Grundnahrungsmittel mitzugeben. Frische Lebensmittel sollen die Astronauten dagegen selbst produzieren, beispielsweise Salat und Kartoffeln. Schon ein halbes Kilogramm Kartoffeln und eine Portion Salat würden laut Ernährungsexperten reichen, um einen guten Teil des täglichen Bedarfs an Kohlenhydraten, Vitaminen und Ballaststoffen zu decken. Nasa-Botaniker gehen aber davon aus, dass deutlich mehr Pflanzenarten zum Mars reisen werden, darunter Tomaten, Paprika, Kohl und sogar Radieschen.

Der erfreuliche Effekt des extraterrestrischen Gemüseanbaus: Die Pflanzen nutzen ausgeatmetes Kohlendioxid, um daraus per Fotosynthese Kohlenhydrate und Sauerstoff zu bilden. Zwar lässt sich nicht die gesamte Atemluft derart aufbereiten, aber eine Tagesration Kartoffelpflanzen würde etwa vier Prozent dazu beitragen, bei Weizen liegt der Anteil noch deutlich höher.

Der Nachteil von Pflanzen: Sie benötigen viel Raum. Um ausreichend Kartoffeln für die Mannschaft zu ziehen, braucht es laut Nasa 25 Quadratmeter Anbaufläche. Um den erforderlichen Tagessauerstoff zu produzieren, sogar 50 Quadratmeter.

Diese Nachteile fallen bei Mikroorganismen weg. Algen beispielsweise betreiben ebenfalls Fotosynthese. Sie können in platzsparenden Bioreaktoren wachsen und nutzen das Sonnenlicht viel effektiver als höhere Pflanzen: Algenzellen legen bis zu zehnmal so schnell an Biomasse zu wie Landgewächse – und können jederzeit geerntet werden. Ein weiterer Vorteil ist ihr Ernte-Index, das Verhältnis von Pflanzengesamtmasse zu essbarem Anteil. Abgefiltert sind Algen komplett essbar, bei der Tomate sind es nur 65 Prozent.

Auf der ISS hat die Raumfahrtforschung das Konzept schon einmal ausprobiert. Im Mai 2019 brachte ein Versorgungsschiff der Besatzung zwei 40 mal 20 Zentimeter große Bioreaktoren eines Forschungsteams der Universität Stuttgart. Darin lebte die nur etwa drei Mikrometer große Süßwasseralge *Chlorella vulgaris,* die für ein halbes Jahr dem Lebenserhaltungssystem der Station helfen sollte, die verbrauchte Luft zu erneuern. Allerdings war der angepeilte Beitrag des Experiments minimal: 0,8 Gramm Sauerstoff pro Tag, so viel veratmet ein Mensch in gut einer Minute. In einem Mars-Raumschiff müssten die Algenreaktoren also ganze Wände füllen.

Gelegenheit, von den Algen zu probieren, bekam die ISS-Crew indes nicht. Chlorella gedieh zwar zunächst wie erwartet. Doch nach zwei Wochen fiel die Energieversorgung aus, und das Experiment war vorzeitig beendet. Aber Algen schmecken ohnehin recht fad und enthalten zu viele schwer verdauliche Eiweiße. Algensmoothies werden daher nicht als Hauptmahlzeit auf dem Weltraum-Menü stehen, sondern eher als Nahrungsergänzung wie bei irdischen Fitnessfans.

Auf Fernreisen mit strengem Gepäcklimit haben Algen ein weiteres Einsatzfeld: Sie taugen als Rohstoff für Ersatzteile. Die Crew könnte die Biomasse mit Kunststoffen zu einer Substanz verarbeiten, aus der bei Bedarf 3-D-Drucker Ersatzteile formen.

Ewiges Eis statt unendliche Weiten: Im Gewächshaus »Eden ISS« in der Antarktis testen Forschende Techniken für den Anbau von Obst und Gemüse im Weltraum

Das OHB-Team um Klaus Slenzka hat zusammen mit dem Deutschen Zentrum für Luft- und Raumfahrt (DLR) bereits Chlamydomonas-Süßwasseralgen als Druckmasse getestet. „Wir extrahieren die Algen und mischen sie mit Bioplastik, beispielsweise Polylaktose“, sagt Slenzka. „Da wir die Druckmasse bei mehr als 250 Grad Celsius herstellen, steht am Ende ein steriles Produkt, beispielsweise eine Pinzette.“

Die Bioplastik-Grundmasse müssten die Astronauten und Astronautinnen zwar mitnehmen, aber mit der Alge, die sonst gern in Teichen und sogar in der Antarktis wächst, lassen sich vierzig Prozent des zu transportierenden Rohstoffs einsparen. Noch besser: Werden die gedruckten Gegenstände nicht mehr gebraucht, könnte die Besatzung sie schreddern und in den Kreislauf zurückgeben.

Praktischer wäre es freilich, wenn die Bioproduzenten gleich den gesamten Kunststoff lieferten. In den USA setzen Forschende daher auf weitere Kleinstorganismen. „Es gibt eine Menge Bakterien, die Polymere produzieren“, sagt Jacob Hilzinger, Mikrobiologe an der University of California in Berkeley. Die Art *Escherichia coli* beispielsweise – sie besiedelt auch unseren Darm – speichert Energie in Form von Polymeren der Hydroxybuttersäure (PHB); andere Mikroben bauen Vorräte aus Milchsäure (PLC) auf.

Aus Algen lassen sich während der Reise **Ersatzteile per 3-D-Druck** passgenau herstellen

In biologischen, genauer: gentechnischen Verfahren sehen Hilzinger und andere Fachleute auch eine Lösung für die dritte große Herausforderung bei Deep-Space-Missionen: die medizinische Versorgung. „ISS-Astronauten werden zwar selten krank, weil die Raumfahrtagenturen sie so gut aussuchen“, sagt Volker Damann, langjähriger Leiter der Raumfahrtmedizin des Europäischen Astronautenzentrums in Köln. „Trotzdem schlucken sie während ihrer 180-Tage-Einsätze durchschnittlich viermal pro Woche ein Medikament gegen die gängigsten Malaisen – Kopfschmerzen etwa oder Schlafstörungen.“ Auf der ISS werden die knapp 200 Präparate regelmäßig ausgetauscht.

„Doch wie stelle ich während einer Marsreise sicher, dass bei einem medizinischen Notfall immer genügend Medikamente an Bord sind?“, fragt sich Damann. Statt Schränke voller Pillen mitzu-

Gurkenernte im antarktischen Gewächshaus »Eden ISS«: 67 Kilogramm des Gemüses konnten Forschende während der Überwinterung gewinnen

nehmen, ließe sich zumindest ein Teil davon platzsparend in Form von Samen oder einer genetischen Bauanleitung einpacken und nach Bedarf in Bioreaktoren produzieren.

Allerdings: Bioreaktoren bestehen aus Glas und Stahl, sodass ein Ein-Liter-Gefäß – ohne Inhalt und Hilfsgeräte – fast vier Kilogramm wiegt. Da dies zu schwer ist, müssten Marsreisende auf Organismen ausweichen, die sie ohnehin anbauen, etwa Salat oder Tomaten. Pflanzen sind genetisch zwar komplexer als Bakterien. Sie haben aber den Vorteil, dass Stämme und Blätter den Bioreaktor ersetzen. Salat hat zwei offensichtliche Vorteile: Er wächst schnell und ist vollständig essbar, sodass Astronauten den Wirkstoff nicht aufwendig extrahieren müssen.

Etwa 400 Meter steht das Gewächshaus von der deutschen Antarktis-Station entfernt – ein langer Weg in der Polarnacht bei minus 25 Grad Celsius

Es gibt bereits mehrere erprobte Techniken für dieses „Molecular Pharming". Statt gentechnisch veränderte Samen auszusäen und zu warten, bis das Gewächs gekeimt und herangewachsen ist, favorisieren Fachleute wie Jacob Hilzinger die Methode der „transienten Expression". Dabei wird eine fertige Pflanze mit einem genetisch veränderten Virus infiziert. In dessen Erbgut befindet sich ein Gen, das etwa die Blätter das gewünschte Medikament produzieren lässt.

Bei diesem Verfahren wird die Pflanze nicht genetisch verändert, vielmehr steuert das eingeschleuste Erbgut den Stoffwechsel nur vorübergehend um. Ungeklärt ist allerdings, wie ein kranker Raumfahrer den Arznei-Salat dosieren soll, wenn er nicht genau weiß, wie viel Wirkstoff darin steckt.

Organismen werden im Weltraum spezifische lebenserhaltende Aufgaben erfüllen, aber sie werden vor allem auch als kleine Räder in einer großen Maschine fungieren – wie auf der Erde – und so das Ökosystem „Raumschiff" am Laufen halten.

Um die Möglichkeiten der Kleinstlebewesen auszuloten, arbeitet die Esa zusammen mit europäischen Uni-

Orbitale Kreislaufwirtschaft

RECYCLING FÜR WASSER UND LUFT

Das Lebenserhaltungssystem der Internationalen Raumstation (ISS) gleicht einer luxuriösen Klimaanlage: ein kompliziertes Netz aus Geräten, das die Stoffwechselprodukte der Besatzung – CO_2, Urin und Schweiß – aufarbeitet. Die kleiderschrankgroße Anlage recycelt bis zu neunzig Prozent der je vier Liter Wasser, die die Astronauten und Astronautinnen täglich beispielsweise beim Waschen und Zähneputzen verbrauchen, aber auch trinken, um es in Form von Schweiß und Urin wieder auszuscheiden. All dieses Wasser wird gesammelt, aufwendig filtriert und sterilisiert – und steht dann wieder zum Trinken und Waschen bereit.

Aus einem Teil des Wassers gewinnt die Anlage per Elektrolyse Sauerstoff zum Atmen. Der dabei anfallende Wasserstoff ist ein wertvolles Nebenprodukt: In einem Minireaktor lässt er sich mit dem aus der Stationsluft gefilterten Kohlendioxid zu Wasser und Methan umsetzen. Das Methan und die der ISS-Atmosphäre entzogenen menschliche Ausdünstungen werden ins All entlassen.

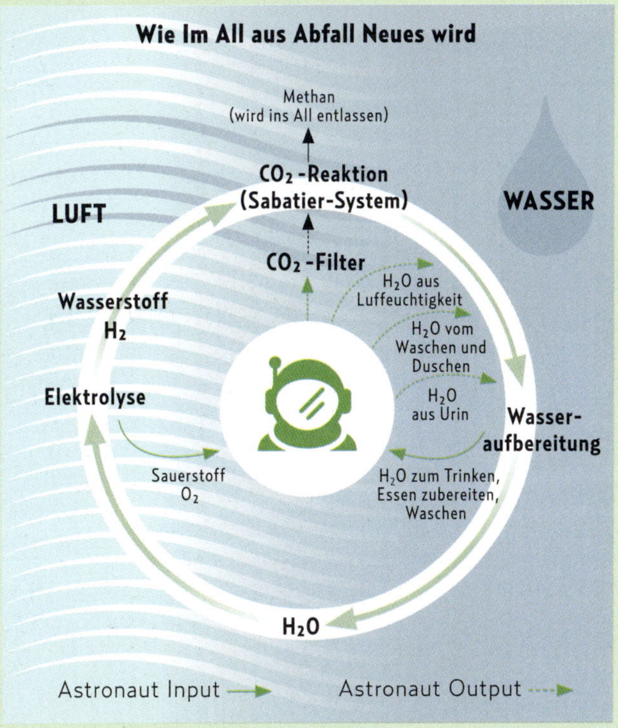

Das Projekt »Melissa« an der Universität Barcelona versucht, Algen, Pflanzen und Abfallstoffe – etwa Urin und CO_2 – in einen Kreislauf einzubinden

versitäten seit 2009 an der „Micro-Ecological Life Support System Alternative" („Melissa") in Barcelona. Das Fernziel des experimentellen Lebenserhaltungssystems ist ein weitgehend ausgeglichener Kreislauf, der aus Pflanzenabfällen und den Ausscheidungen der Crew Sauerstoff, Wasser und Nahrung gewinnt. Die bislang raumfüllende Pilotanlage ist aber noch weit von einem Einsatz im Weltraum entfernt.

Immerhin, Algen und Bakterien erledigen bereits lebenswichtige Aufgaben. „Wir konnten monatelang sehr zuverlässig mit den ‚Abfällen' Urin und CO_2 den Sauerstoff für unsere Versuchsratten produzieren", sagt Projektleiter Christophe Lasseur. „Die Anlage hat das CO_2 aus der Luft entfernt und genug Biomasse produziert, um einen Nager zu ernähren." Allerdings läuft die Anlage bisher nur als kleiner Kreislauf – Obst und Gemüse wachsen in Melissa noch nicht.

Wann könnte ein System wie Melissa einsetzbar sein? Lasseur glaubt, „bis 2040 könnten wir ein Lebenserhaltungssystem für eine Reise zum Mars erproben – und auch bauen."

Generation Zukunft

Die Raumfahrtnationen haben sich hohe Ziele gesetzt, sie wollen über den Erdorbit hinaus. **NEUE ASTRONAUTEN UND ASTRONAUTINNEN** beginnen sich in Europa auf die Missionen vorzubereiten. Was treibt die Männer und Frauen an?

Protokolle: Ute Eberle

Sophie Adenot, 40 Jahre, Frankreich

Die Hubschrauberpilotin

2009, nach meinem Studium der Luftfahrt- und Raumfahrttechnik, bewarb ich mich als Astronautin bei der Esa. Mit erst Mitte zwanzig war ich zwar noch zu jung, schaffte es aber trotzdem in die Runde der letzten 180. Das hat mich sehr motiviert. Mich hat es schon immer gepackt, neue Dinge zu erforschen – neue Kulturen, neue Themen, neue Welten. Auf alles neugierig zu sein: So wurde ich erzogen.

Ich begann bei Airbus zu arbeiten, half, Helikopter zu entwerfen. Mir gefielen Hubschrauber so gut, dass ich beschloss, sie zu meinem Arbeitsplatz zu machen. Also ging ich zu den Französischen Luft- und Weltraumstreitkräften, flog Rettungs- und Transporteinsätze. Aber ich wollte mehr, das technologisch Machbare bei Helikoptern ausloten, und bewarb mich als Testpilotin. Seither habe ich dreitausend Flugstunden auf 22 verschiedenen Hubschraubertypen absolviert. Ich war in Frankreich die erste Frau in diesem Job.

An der Raumfahrt faszinieren mich das menschliche Abenteuer und die Erkundung des Alls. Da steckt so viel Teamwork dahinter! Die Astronautinnen und Astronauten mögen diejenigen sein, die dort draußen unterwegs sind und neue Erkenntnisse zurückbringen, aber sie stehen am Ende einer langen Kette von Technikern, Ingenieurinnen und Wissenschaftlern. Die Weltraumerkundung erfordert die Schwarmintelligenz von Tausenden. Astronautin zu sein ist für mich mehr als ein Job: Es ist eine Berufung. Ich kann mir noch nicht richtig vorstellen, was auf mich zukommt. Ich bin gespannt!

Als eine besondere Pionierin sehe ich mich nicht. Es gab schon vor mir Astronautinnen. Aber ich wünsche mir, dass das Geschlecht beim nächsten Auswahlprozess gar keine Rolle mehr spielen wird. Wir sind fast schon so weit. Wenn man sich das neue Astronautenkorps anschaut, sind wir einfach eine sehr gute Mischung aus Biografien und Kompetenzen, ganz unabhängig vom Geschlecht.

Es sind Fragen zu klären wie: Soll die Prothese in den Raumanzug oder teils draußen bleiben? Wie würde ein Weltraumspaziergang ablaufen?

John McFall, 41 Jahre, Vereinigtes Königreich

Der Behindertensportler

Ein Kollege machte mich auf die Anzeige aufmerksam, in der die Europäische Weltraumorganisation nach einem Paraastronauten suchte. „Das musst du machen", sagte er zu mir. Ich las mir die Anforderungen durch, sie waren wie auf mich zugeschnitten. Also bewarb ich mich.

Ich komme aus einer Familie von Militärs, als Jugendlicher wollte ich auch unbedingt zum Militär. Dann hatte ich mit neunzehn Jahren einen Motorradunfall, und mein rechtes Bein musste über dem Knie amputiert werden. Trotzdem trat ich mein geplantes Sportstudium an, lernte mit der Prothese zu rennen und wurde Sportler. Bei den Paralympics 2008 in Peking gewann ich Bronze über hundert Meter. Danach begann ich Medizin zu studieren und bin nun fast fertig mit meiner Ausbildung zum orthopädischen Chirurgen.

Viele Leute glauben, dass es in der Schwerelosigkeit wenig ausmacht, ob man beinamputiert ist. Man läuft ja nicht herum. Aber die Astronauten und Astronautinnen benutzen ihre Beine für vieles. Sie verankern sich etwa mit dem Fuß, während sie Experimente durchführen oder sich die Zähne putzen.

Die Esa will an mir herausfinden, ob ein körperlich behinderter Mensch im All leben und arbeiten kann. Und welche Barrieren beseitigt werden müssen, bevor ich dann vielleicht irgendwann in den Weltraum fliege.

Die größte Herausforderung wird vermutlich sein, sicherzustellen, dass meine Prothese gut sitzt. Die Besatzung in der Internationalen Raumstation sieht ja immer etwas verschwollen aus. Das kommt, weil sich die Flüssigkeit im Körper anders verteilt und auch im Gewebe ansammelt. Wir müssen also etwas finden, das es meiner Prothese erlaubt, sich flexibel an Schwellungen in meinem Beinstumpf anzupassen. Auch sind Fragen zu klären wie: Soll die Prothese mit in den Raumanzug oder teilweise draußen bleiben? Wie würde ein Weltraumspaziergang ablaufen?

Für mich ist das toll, denn ich löse gern Probleme. Ich glaube, dass sich die Herausforderungen meistern lassen werden, und sehe daher keinen Grund, warum ein körperlich behinderter Mensch nicht Astronaut sein kann.

Rosemary Coogan, 31 Jahre, Vereinigtes Königreich

Die Astronomin

Mich hat immer gefesselt, dass die Dinge im Weltraum so anders sind. Natürlich gelten dort auch die Gesetze der Physik. Aber es gibt kein Oben, kein Unten. Auch keine Geräusche, weil ein Vakuum herrscht.

Deswegen bin ich Astronomin geworden. Für meine Masterarbeit habe ich die Gammastrahlung Schwarzer Löcher erforscht. Dieser Tage untersuche ich, wie sich Galaxien entwickeln. Dazu benutze ich Teleskope auf der Erde und im All, wie das James-Webb-Weltraumteleskop. Aber ich habe mich für das Astronautenkorps beworben, weil ich noch direkter dazu beitragen möchte, dass wir so viel wie möglich über den Weltraum lernen.

Besonders aufregend fände ich es, zum Mond zu fliegen. Das käme fast einer Zeitreise gleich. Manche Forschende glauben, dass sich der Mond aus Material gebildet hat, das von der Erde weggeschleudert wurde, als sie vor Jahrmilliarden mit einem anderen Weltraumobjekt kollidierte. Der Mond wäre also aus der frühen Erde entstanden. Und weil er keine Tektonik hat, keine Atmosphäre und kein Wetter, hat sich seine Oberfläche viel weniger verändert. Auf dem Mond könnte man demnach noch sehen, welche Bedingungen auf der Erde herrschten, bevor bei uns Leben entstand.

Spannend finde ich auch, was wir in der Raumfahrt über den menschlichen Körper lernen. Bestimmte Prozesse laufen, wenn wir uns im All befinden, schneller ab, zum Beispiel Alterungsprozesse oder Veränderungen des Herzkreislaufsystems, die auf der Erde sonst Jahre brauchen. In dieser Hinsicht werden meine Kollegen und ich selber Versuchsobjekte sein. Ich halte das für einen guten Verwendungszweck für meinen Körper. Wir haben ja das Glück, dass wir sehr gesund sind, das war ein wichtiges Auswahlkriterium für das Astronautenkorps. Und man wird uns den Rest unseres Lebens sorgfältig medizinisch betreuen. Ich fände es toll, wenn mein Körper dazu beitragen könnte, dass neue Therapien für menschliche Gebrechen entwickelt werden.

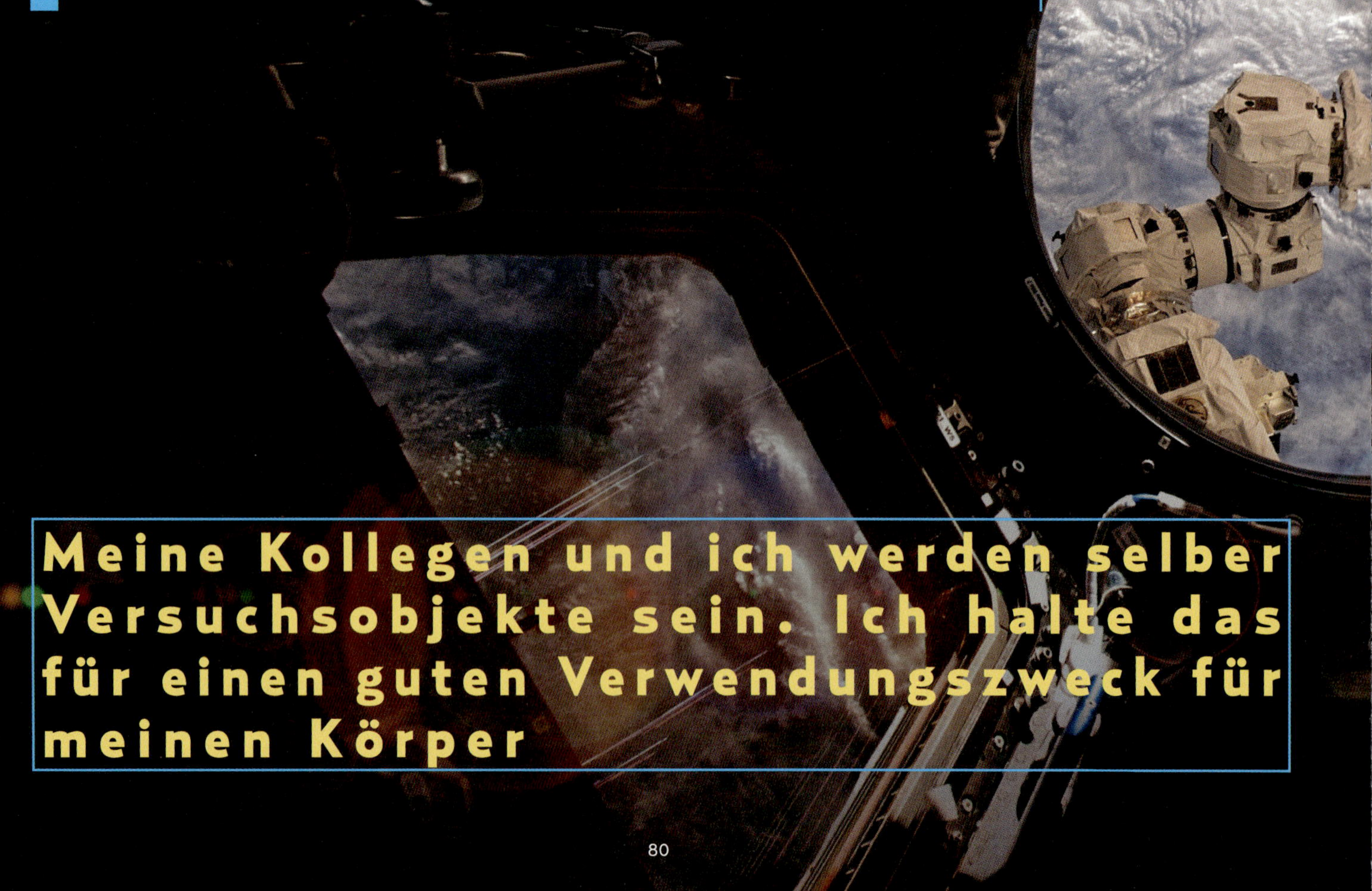

Meine Kollegen und ich werden selber Versuchsobjekte sein. Ich halte das für einen guten Verwendungszweck für meinen Körper

Matthias Maurer, 53 Jahre, Deutschland

Der Erfahrene

Als ich im Mai 2022 von der Internationalen Raumstation Richtung Erde aufbrach, war ich vier Zentimeter größer als beim Start der Mission sechs Monate zuvor. Das lag daran, dass sich die Bandscheiben in der Schwerelosigkeit ausdehnen. Gleichzeitig verschwindet die typische Krümmung der Wirbelsäule. Sie wird im All gerade wie ein Stock. Und nach der Landung dauert es dann ein paar Wochen, bis die Wirbelsäule wieder ihre ergonomisch gekrümmte Form angenommen hat. Bis dahin läuft man dann auch, als ob man einen Stock im Kreuz hätte. Erst nach drei Wochen zurück auf der Erde konnte ich langsam wieder joggen und mich auch beim Laufen koordiniert bewegen.

Der Tag auf der ISS beginnt gegen sechs Uhr morgens mit Aufstehen und Frühstücken. Ab halb acht bis abends um halb acht habe ich Experimente durchgeführt, nur unterbrochen von einer Mittagspause und Sport, um sowohl die Muskeln als auch den Kreislauf zu stärken.

Insgesamt waren es gut hundert Versuche, an denen ich beteiligt war. Ich habe Metalle aufgeschmolzen und rund fünfzig Betonproben gemischt. Im All verhalten sich Materialien in Abwesenheit von Schwerkraft „idealtypisch", und daraus können Ingenieure lernen, wie sich Stoffe optimieren lassen. Wir haben auch Glasfasern zur Datenübertragung hergestellt, die bis zu tausendmal reiner sein sollen als irdisch gefertigte und sich darum gut für Hochleistungsrechner eignen. Allerdings waren wir noch in der frühen Versuchsphase.

Nie vergessen werde ich den Blick auf die Erde aus 400 Kilometer Höhe. Ich bin ja Ingenieur und ein in kühlen Zahlen denkender Mensch. Aber bei der Erinnerung bekomme ich immer noch Gänsehaut. Die Erde wirkt plötzlich ganz klein. Von Südamerika bis Europa sind es fünfzehn Minuten. Überall sieht man, wie wir den Planeten verändern. Wo das satte Grün des Regenwalds für Ackerfläche abgebrannt wird. Wo Gletscher fehlen. Oder man fragt sich: Wo ist eigentlich der riesige Aralsee geblieben?

Den Krieg in der Ukraine konnte ich mit bloßen Augen erkennen: am Rauch der Explosionen, an der tiefen Dunkelheit nachts in dem Land. Das stimmt einen sehr nachdenklich. Von oben ähnelt unser Planet einem Raumschiff in der Weite des Alls. Und es kann nur funktionieren, wenn wir alle zusammenwirken. Dafür möchte ich Botschafter sein.

Ich hoffe, dass ich bei meiner nächsten Weltraummission Richtung Mond fliegen werde. Derzeit arbeite ich daran mit, die Mond-Trainingshalle „Luna" an unserem Standort in Köln aufzubauen, eine simulierte Mondoberfläche samt Sand und Staub, auf der wir gezielt Hardware und Prozesse entwickeln können.

Ich bin ein in kühlen Zahlen denkender Mensch. Aber bei der Erinnerung an den Blick auf die Erde bekomme ich heute noch Gänsehaut

Raphaël Liégeois, 35 Jahre, Belgien

Der Neurowissenschaftler

Als Kind habe ich den Comic „Tim und Struppi: Reiseziel Mond" bestimmt ein Dutzend Mal gelesen. Seither träume ich davon, Astronaut zu werden. Der Schriftsteller Oscar Wilde sagte einmal, dass man seine Träume so groß wählen sollte, dass man sie nicht aus den Augen verliert. Daran habe ich mich gehalten.

Ich versuche stets, Abenteuer in mein Leben einzubauen. Nachdem ich in Belgien in Neurowissenschaften promoviert hatte, lebte ich etwa zwei Jahre in Singapur. Als die Zeit kam zurückzukehren, beschlossen meine Frau und ich, nach Europa zu radeln statt einfach in einen Flieger zu steigen. Es wurden fünf aufregende Monate voller Glücksmomente. Wir besuchten Dörfer in Indien, in die nie Weiße kamen, gingen mit thailändischen Fischern auf Fang, trafen Frauen in Iran, die Freiheitsgedichte schrieben.

Als Neurowissenschaftler untersuche ich das Gehirn, auch weil es ein noch weitgehend unerforschtes Gebiet ist. Ähnlich wie der Weltraum. Wenn ich im All Experimente an Neuronen durchführen werde, wird das Tolle sein, zu beobachten, wie Nervenzellen in der Schwerelosigkeit in drei Dimensionen miteinander interagieren, nicht nur zweidimensional wie in irdischen Laboren.

Ich glaube fest, dass wir die Wissenschaft brauchen, um die Probleme der Welt zu lösen. Zum Beispiel können weltraumbasierte Beobachtungen helfen, Modelle für die globale Klimaveränderung zu entwickeln. Haben wir erst einmal gute Daten, zum Beispiel über die Gase in der Atmosphäre, lässt sich besser absehen, wie wir effizient handeln können.

Ich würde gern irgendwann über den Mond hinaus ins All fliegen. Es ist noch unklar, wie Menschen damit fertig werden, lange im Weltraum unterwegs zu sein und dabei auch die Erde aus dem Blick zu verlieren. Diese Grenzerfahrung wird spannend.

In der Schwerelosigkeit möchte ich Experimente an Nervenzellen durchführen. Ich will beobachten, wie sie in drei Dimensionen interagieren

Schätze

Text: **Peter Michael Schneider**

im **Staub**

Von wegen wüst und leer: In Mond und Mars steckt fast alles, was Menschen zum Leben brauchen. Weltraumeroberer müssten nur lernen, **die Rohstoffe zu heben**

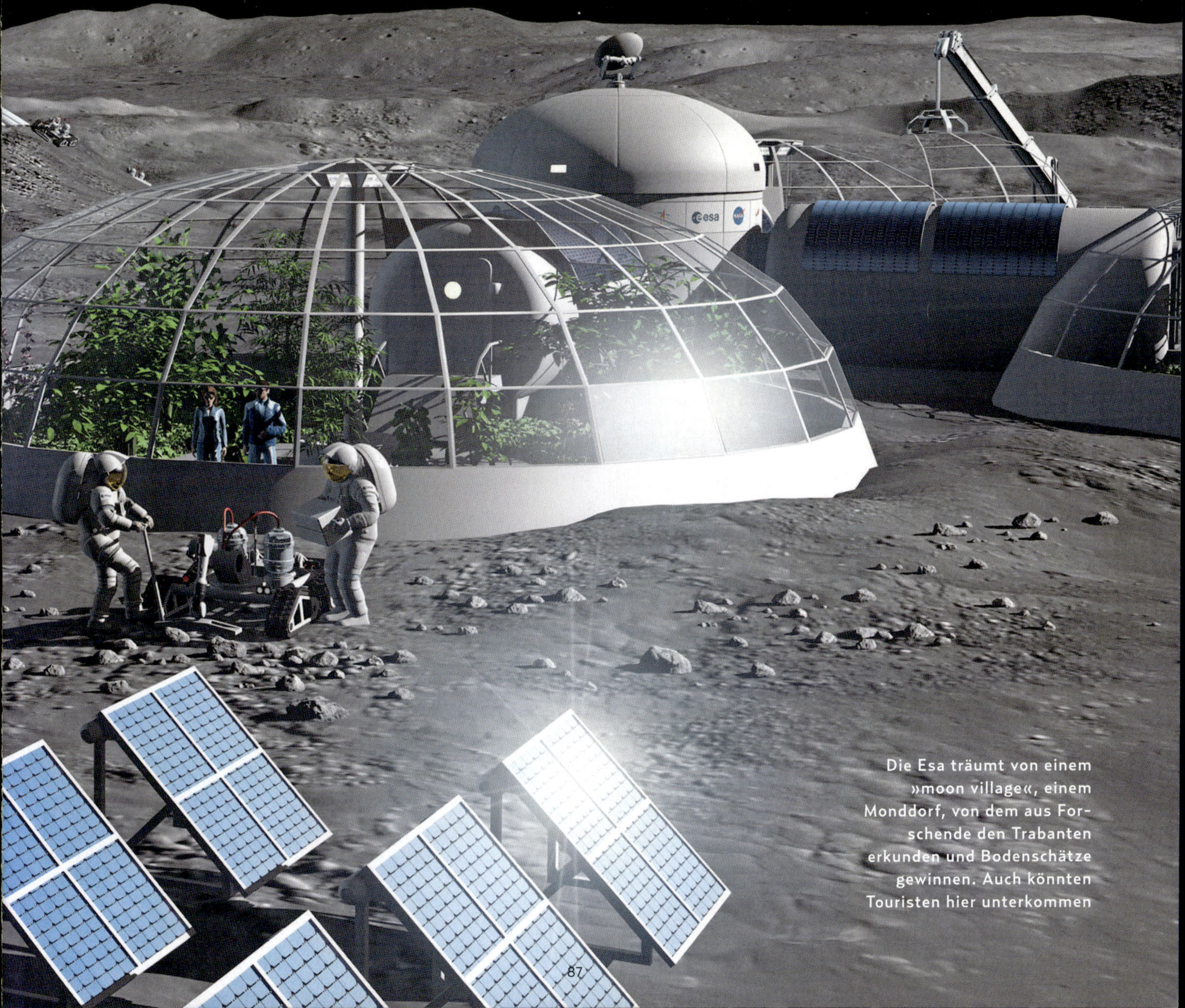

Die Esa träumt von einem »moon village«, einem Monddorf, von dem aus Forschende den Trabanten erkunden und Bodenschätze gewinnen. Auch könnten Touristen hier unterkommen

A

Als die ersten Menschen neue Kontinente besiedelten, fanden sie alles vor, was sie brauchten: Nahrung und frisches Wasser, Holz für Behausungen und Feuer. Über die Luft zum Atmen dachte damals wohl niemand nach.

Astronautinnen und Astronauten sollten solche Überlegungen durchaus anstellen, bevor sie sich auf längere Reisen begeben. Die Grundbedürfnisse – Atmen, Trinken, Brennstoff und ein Dach über dem Kopf – sind im Weltraum nicht so leicht zu erfüllen. Fehlt auch nur eine dieser Komponenten, scheitert jede Mission.

In den kommenden Jahrzehnten stehen gleich zwei große Unternehmungen an, die solcher Lösungen bedürfen. Die Nasa beabsichtigt, Mitte der 2020er-Jahre wieder Menschen auf den Mond zu schicken, genauer: zu dessen Südpol. Die Landungen sollen zudem eine Reise zum Mars in den 2030er- oder 2040er-Jahren vorbereiten.

Das Problem beider Zielorte: Proviant lässt sich nur begrenzt mitnehmen. Der Erdgravitation Masse zu entreißen ist enorm aufwendig und teuer. Mit der neuen Nasa-Rakete SLS ein Kilogramm Nutzlast zum Mond zu transportieren, kostet umgerechnet über 60 000 Euro. Daher wollen die Raumfahrtagenturen auf Rohstoffe zurückgreifen, die sie auf Mond und Mars vorfinden. Dieser Ansatz heißt in der Raumfahrt „In-situ Resource Utilization“ (ISRU), grob übersetzt: „Nutzung der lokalen Ressourcen“.

„Wie effektiv die Nutzung von In-situ-Ressourcen ist, lässt sich am Treibstoff-Nutzlast-Verhältnis ablesen“, so Gerald Sanders, der am Nasa Johnson Space Center in Houston die ISRU-Experimente koordiniert. Jedes Kilogramm, das nicht von der Erde eingeflogen werden muss, spart mehr als 150 Kilogramm Treibstoff – im Fall des Mars sind es sogar mehr als 220 Kilogramm.

Forschende arbeiten daher weltweit an ISRU-Techniken, um die lokalen Ressourcen für Raumfahrende verfügbar zu machen. Auf den Himmelskörpern findet sich mehr, als es auf den ersten Blick scheint. Aus Wassereis lässt sich Trinkwasser, Atemluft und Treibstoff gewinnen. Der Rote Planet liefert überdies dank seiner dünnen Atmosphäre Kohlendioxid. In der obersten Bodenschicht und im Gestein von Mond und Mars finden sich zahlreiche verwertbare Elemente wie Sauerstoff, Eisen und Aluminium. Zudem lässt sich der pulverige Belag auf der Oberfläche, genannt Regolith, zum Bau von Behausungen und Energiespeichern nutzen.

Die Grundbedürfnisse **Atmen, Trinken, Wärme** und Schutz sind im Weltraum **nicht leicht** zu erfüllen. Fehlt nur eine Komponente, **scheitert** jede Mission

Der Mond wirkt trocken und lebensfeindlich. Doch in dem pulvrigen Belag auf der Oberfläche, dem Regolith, stecken Wasserstoff, Sauerstoff und wertvolle Metalle wie Eisen und Aluminium

EIN EISIGER SCHATZ

Wasser ist ein enorm vielseitiger Stoff. Das Molekül H_2O stillt nicht nur den Durst, es lässt sich mithilfe von Strom in Wasser- und Sauerstoff aufspalten. Dürfen die beiden sich wieder vereinigen, bilden sie einen mächtigen Treibstoff: Wasserstoff und Sauerstoff ließen schon die Mondrakete der Apollo 11 abheben, und auch das neue Startvehikel „SLS“ fliegt dank der Kombination.

Als die vorerst letzten Apollo-Astronauten 1972 den Mond verließen, galt der Erdtrabant allerdings noch als staubtrocken. Erst spätere Missionen fanden immer mehr Hinweise auf Wasser. Der direkte Nachweis gelang erst 2009: Damals ließ die Nasa eine ausgebrannte Raketenstufe in einen Krater am Südpol stürzen. Durch die Auswurfwolke von zehn Kilometer Durchmesser flog die Sonde LCROSS und wies Wassermoleküle nach.

Einst könnten Kometen und Meteoriten Wasser auf den Mond gebracht haben, oder Protonen aus dem Sonnenwind reagierten mit dem im Regolith gebundenen Sauerstoff zu Wasser. Das meiste davon soll an den Polen lagern: Dort trifft das Sonnenlicht in einem sehr flachen Winkel auf die Mondoberfläche. Die Krater der Meteoriteneinschläge liegen im ewigen Schatten, in den tiefen Mulden sinkt die Temperatur auf bis zu minus 248 Grad Celsius – sie gelten als die kältesten Orte im Sonnensystem. In diesen Kältefallen könnte Eis viele Millionen Jahre überdauern, ohne zu verdampfen. Hunderte Millionen Tonnen Wassereis sollen hier lagern, weshalb die Nasa zukünftig nahe des Mondsüdpols landen will.

Allerdings ist bisher nicht eindeutig geklärt, wie konzentriert das Wassereis vorliegt und in welcher Form: ob fein verteilt im Boden, schicht- oder brockenweise oder – deutlich schwerer zu erreichen – als Hydrat an Minerale gebunden. 2024 will die Nasa daher einen Rover auf den Mond schicken: Der knapp eine Tonne schwere „Viper" (für „Volatiles Investigating Polar Exploration Rover") soll mit 0,8 Kilometern pro Stunde den Südpol erkunden und unter anderem einen Meter tief nach Eis bohren.

Sollte Viper fündig werden, wäre dies nur ein Zwischenschritt zum Wassereis-Bergbau. Denn das steinharte Eis muss vom Regolith gesäubert werden, angesichts der Kälte in den Kratern verlangt dies außergewöhnlich belastbare Technik und Werkstoffe. Derzeit erwägen Forschende, das Wasser mit einer Kombination aus Infrarot- und Mikrowellen direkt aus dem Boden „auszuheizen", um den Wasserdampf anschließend aufzufangen.

Weil aber die Energieversorgung in den dunklen Kratern schwierig ist, schlagen andere Forschungsteams vor, das Eis – sofern es fein verteilt ist – im ersten Schritt auszusieben. Das könnte Strom sparen, da beim späteren Erhitzen nur das Wassereis, nicht aber der Regolith erwärmt werden müsste. „Welches die beste Methode ist, hängt davon ab, wie konzentriert und hart das Eis ist", sagt Sanders. „Sobald Viper Daten liefert, entscheiden wir uns für eine Vorgehensweise und erproben sie auf dem Mond." Die Nasa plant deshalb in den 2020er-Jahren weitere Robotermissionen.

Aber selbst wenn das Eis an einigen Stellen in massiven Brocken vorläge, ließe sich daraus nicht einfach ein Tee kochen, schränkt Aidan Cowley ein, der am Europäischen Astronautenzentrum in Köln ISRU-Technologien entwickelt. „Das würde einen wahrscheinlich umbringen. Es handelt sich ja nicht um reines H_2O. Es ist vermischt mit Sulfiden und organischen Molekülen." Das Mondwasser müsste erst aufwendig gereinigt werden, um am Ende als Trinkwasser oder als Treibstoff zu dienen.

LUFT AUS STEINEN

Atemgeräusche sind in Science-Fiction-Filmen häufig unnatürlich verstärkt. Regisseure machen so den existenziellen Gegensatz im All spürbar: das Bedürfnis zu atmen inmitten eines luftlosen Raums.

Jeder Astronaut, jede Astronautin verbraucht am Tag etwa 0,8 Kilogramm Sauerstoff. Neben dem Wasser bietet sich auch der Regolith auf dem Boden als Quelle an: Insgesamt stecken in dessen Mineralen zu mehr als vierzig Massenprozent Sauerstoff. Allerdings ist es schwierig, an ihn heranzukommen: Er liegt chemisch gebunden vor und muss energieaufwendig von den restlichen Elementen getrennt werden. Daher hat die Nasa inzwischen mehr als zwanzig Extraktionstechniken untersucht.

In einem Monddorf könnten Roboter vielfältige Tätigkeiten übernehmen. Anspruchsvollere Aufgaben werden aber die Anwesenheit von Menschen erfordern

Als vielversprechend hat sich die carbothermische Reduktion erwiesen. Dazu schmolz ein Nasa-Team ein regolithähnliches Pulver per Laser auf über 1600 Grad Celsius auf. Zugesetztes Methan reagierte mit dem Sauerstoff und entzog ihn dem Regolith. In weiteren Schritten wurde aus den Reaktionsprodukten der Sauerstoff in reiner Form gewonnen.

„Damit lassen sich später etwa zehn Kilogramm Sauerstoff aus hundert Kilogramm Regolith lösen", so Sanders. „Andere Methoden wie die Schmelzflusselektrolyse extrahieren sogar den gesamten Sauerstoff. Aber da ist die Schlacke noch schwer beherrschbar." Sollte auch dies gelingen, könnte die eisen- und aluminiumreiche Schmelze als Werkstoff dienen.

Die Sauerstoffextraktion könnte laut Sanders frühestens 2024 auf dem Mond getestet werden. Für den Erfolgsfall hat das Nasa-Team bereits eine Mondfabrik entworfen, die bis zu zehn Tonnen Sauerstoff im Jahr produzieren könnte.

Diese enorme Menge lässt erkennen, dass die zukünftigen Welteneroberer Sauerstoff nicht nur einatmen sollen. Er soll – wie schon das gewonnene Wasser – Raketentreibstoff liefern. Sauerstoff nimmt in Treibstoffkombinationen den größten Massenanteil ein – beim Gemisch Wasserstoff/Sauerstoff macht er bis zu rund neunzig Prozent des Gewichts aus.

Für die erste Wiederkehr wird noch keine Fabrik benötigt: Auf dem Mond möchte die Nasa mit der Fähre „Starship HLS" einschweben; für deren Landung und Start reicht eine Tankfüllung. Anders auf dem Mars: Dort müsste die Fähre mehrere Tonnen Sauerstoff für die Rückkehr nachtanken.

Einen ersten Meilenstein schaffte der Rover „Perseverance“ auf dem Roten Planeten: Sein Experiment „Moxie“ produzierte Sauerstoff. Dafür hat der Rover weder Wassereis noch Regolith abgebaut, denn das gesuchte Element umgibt ihn bereits. Der Mars besitzt eine dünne Atmosphäre, die im Wesentlichen aus Kohlendioxid, CO_2, besteht. Das Gas lässt sich viel einfacher verarbeiten als ein Feststoff.

„Bäume machen das auch die ganze Zeit. Sie nehmen CO_2 auf und atmen Sauerstoff aus“, so Michael Hecht vom Massachusetts Institute of Technology, der das Experiment „Moxie“ leitet. „Wir haben quasi einen Baum gebaut, der in eine kleine Box passt.“ In mehreren Testläufen hat das autobatteriegroße Gerät je sechs Gramm Sauerstoff pro Stunde produziert – immerhin genug, damit ein Mensch zehn Minuten atmen kann.

Wenn in den nächsten Dekaden Menschen zum Mars fliegen, soll sie dort eine tonnenschwere Anlage erwarten, die zuvor über Monate langsam, aber stetig enorme Mengen Sauerstoff produziert haben wird. Etwa zwei Tonnen würden fürs Atmen benötigt, der weitaus größere Teil soll in den Triebwerken der Fähre verbrennen, die die Astronauten und Astronautinnen wieder von der Marsoberfläche abheben lässt. Der dazu benötigte Tank wird rund dreißig Tonnen Sauerstoff fassen – er wäre das schwerste Einzelteil, das zum Mars transportiert werden muss. „Falls wir den Sauerstoff schon auf dem Mars hätten“, so Hecht, „würde uns das einer Mission vielleicht eine Dekade näher bringen.“

SPEICHER AUS STAUB

Um den Bedarf an Wärme und Elektrizität einer astronautischen Station zu decken, veranschlagt die Nasa etwa 75 bis 90 Kilowatt, das entspricht der Leistung eines Mittelklasseautos unter Vollgas. Der Abbau von Wassereis und Regolith sowie die Fabriken, die daraus Trinkwasser, Sauerstoff und Treibstoff gewinnen, brauchen ein Kraftwerk mit mindestens zehn Kilowatt Dauerleistung.

Solarstrom kann den Bedarf am Mondtag decken. Doch die Mondnacht dauert vierzehn Erdentage, Langzeitmissionen auf dem Mond benötigen also eine Vielzahl an Energiequellen und -speichern. Radionuklidbatterien, die aus Kernzerfall Strom gewinnen, treiben zwar einige Raumsonden an, sind aber in der astronautischen Raumfahrt nicht ungefährlich. Herkömmliche elektrochemische Batterien als Energiespeicher sind recht schwer und lassen sich daher kaum im großen Stil auf die Himmelskörper transportieren.

Doch einen simplen und dennoch wirkungsvollen Speicher liefert der Mond selbst. Regolith bewahrt Energie hervorragend – in Form von Wärme. Verdichtet man den Mondboden zu Ziegeln, lassen diese sich während des zweiwöchigen Mondtages auf 200 bis 300 Grad Celsius aufheizen, beispielsweise über große Spiegel, die Sonnenstrahlen auf den Ziegeln bündeln.

Derartige Nachtspeicherheizungen könnten künftige Bewohnerinnen und Bewohner einer Mondstation in den langen Dunkelzeiten warm halten. Die beträchtliche Wärmeenergie ließe sich auch thermoelektrisch in Strom umwandeln, die Wärmespeicher könnten also zusätzlich als Stromspeicher dienen. Beim thermoelektrischen Effekt baut sich zwischen unterschiedlichen Halbleitern eine elektrische Spannung auf, wenn ihre Kontaktstellen unterschiedlich warm sind. „Das ist eine sehr verlässliche Technik, die seit Jahrzehnten in Raumsonden wie ‚Voyager‘ verwendet wird“, sagt Cowley, dessen Team dieses Prinzip verfeinern will.

Während Regolithspeicher auf dem Mond zum Einsatz kommen könnten, sind sie für unseren Nachbarplaneten ungeeignet. „Die dünne Marsatmosphäre leitet die Wärme äußerst effizient ab“, sagt Aidan Cowley. „Der Wärmespeicher wäre dort viel zu schnell leer.“

Allerdings gleicht der marsianische Tag-Nacht-Zyklus fast genau dem irdischen, die Ansprüche an Energiespeicher

Eine Astronautin verbraucht rund **800 Gramm Sauerstoff** am Tag. Dieser findet sich in den Mineralien des **Mondstaubs** – aus ihm muss er aufwendig **extrahiert** werden

Der von der Esa geplante Lander »Argonaut« soll bis zu 1,5 Tonnen zum Mond transportieren. Alle benötigten Materialien von der Erde einzufliegen wird auch mit ihm zu teuer

Der 3-D-Drucker »Olympus« soll mit seinem Laser Mondstaub anschmelzen, um so Start- und Landeplätze für Raumschiffe zu schaffen

sind nicht so hoch wie auf dem Mond. Neben Solarpaneelen für die Marsstation könnten als Backup auch Radionuklidbatterien dienen oder Brennstoffzellen, die aus Wasserstoff Strom gewinnen.

HÄUSER AUS MONDGESTEIN

Eines der größten Probleme bei langen Aufenthalten auf Mond und Mars ist die hohe Strahlungsbelastung, denn beiden Himmelskörpern fehlt ein schützendes Magnetfeld. Dazu kommt die Bedrohung durch Mikrometeoriten. Auf dem Mars müssen Bauten zudem vor dem Wetter schützen: Durch Staubstürme wären Menschen, Geräte und Behausungen einem unablässigen Beschuss mit scharfkantigem und toxischem Staub ausgesetzt.

Nasa und Esa wollen daher Regolith zu einem Baustoff weiterentwickeln, mit dem sich Unterkünfte konstruieren oder wenigstens abschirmen lassen. Da Regolith sehr feinkörnig ist, braucht es ein Bindemittel, um aus ihm eine Art schnell härtenden Zement zu machen. Den könnten autogroße 3-D-Drucker Schicht für Schicht auftragen und zugleich formen. Die Esa probierte das auf der Erde schon 2013 aus. Sie mischte regolithähnliches Gestein aus einem italienischen Vulkan mit Binde- und Härtemitteln und druckte damit ein 1,5 Tonnen schweres Wabenelement. Langfristiges Ziel: ein Kuppelbau auf dem Mond, der innerhalb von nur einer Woche bezugsfertig ist.

Aus Regolith sollen auch Strukturen wie Hangars, Straßen und Landeplattformen entstehen. Letztere wären langfristig nötig, da es auf dem Mond zu einem Effekt kommt, den man von landenden Hubschraubern in der Wüste kennt. „Während der Landung bläst der Abgasstrahl der Triebwerke Sandpartikel durch die Gegend", sagt Cowley. Das wirkt auf die umgebenden Gebäude wie ein Sandstrahlgebläse. „Für Mondlandefahrzeuge ist es daher wichtig, auf festem Untergrund zu landen." Als weiteres 3-D-Druckverfahren will die Esa hier Sinterverfahren einsetzen: Dabei wird der Regolith mit von Spiegeln gebündelten Sonnenstrahlen angeschmolzen und zusammengebacken.

Oder es kommen Laser zum Einsatz: Im Auftrag der Nasa entwickelt das texanische Unternehmen Icon für 57 Millionen US-Dollar einen 3-D-Drucker namens „Olympus". Er soll auf Mond und Mars aus Staub per Hochleistungslaser Lande- und Startplätze, Straßen und Wohnräume erschaffen.

Wie solch eine Station aussehen könnte, hat das Unternehmen bereits im Johnson Space Center, Nasas Raumfahrtzentrum in Houston, demonstriert. Dort entstand per 3-D-Druck das „Mars Dune Alpha", ein 158 Quadratmeter großes Gebäude, in das in diesem Jahr eine vierköpfige Crew einziehen wird. Sie soll schon heute das zukünftige Leben auf dem Roten Planeten erproben.

NEUGIERIG AUF MORGEN
P.M.
SEUCHEN Weshalb die Pest in vielen Ländern noch immer eine Gefahr ist
ASTRONOMIE Was das Teleskop »Gaia« über die Milchstraße enthüllt
PIPELINES Wie die Umstellung von Gas auf Wasserstoff gelingen soll
3. TEIL der großen P.M.-Serie: INFRASTRUKTUR IN DEUTSCHLAND
Es lässt Daten fließen, isoliert Häuser – und soll nun auch Strom produzieren
GLAS
Wunderstoff mit Zuk
Jeden Monat neu!

P.M.
SCHNELLER SCHLAU

Wächter im Orbit

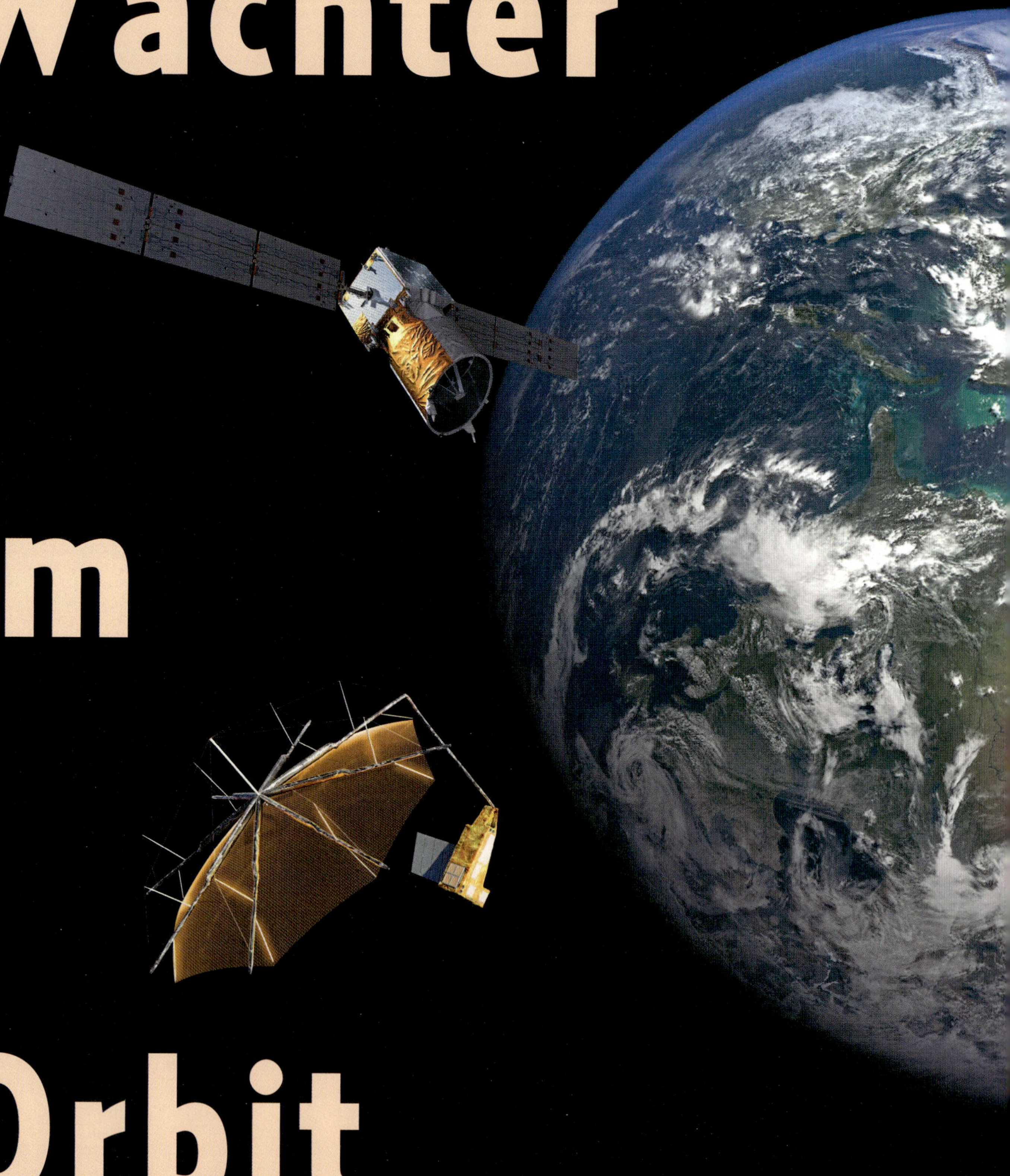

Eine Flotte von Satelliten nimmt die Erde auf unterschiedliche Weise in den Blick: Aeolus (o. l.) etwa erforscht die Winde, Earthcare (o. r.) vermisst Wolken und Aerosole, Cryosat-2 (u. r.) erfasst Eismassen und Biomass den Zustand der Wälder

Satelliten liefern wertvolle Daten über den Zustand der Erde. Sie können helfen, **internationale Klimavereinbarungen** zu kontrollieren

Text: **Peter Michael Schneider**

Der Regenwald brennt: Jahr für Jahr verliert die Erde 100 000 Quadratkilometer ihrer grünen Lunge, vor allem in den Tropen, so schätzt die Landwirtschaftsorganisation der Vereinten Nationen. Die wissenschaftliche Waldbeobachtungsplattform Global Forest Watch hingegen kommt auf mehr als 250 000 Quadratkilometer, also zweieinhalbmal so viel – das wäre die Fläche des Vereinigten Königreichs.

Der Unterschied der Zahlen ist drastisch, und er belegt, dass Forschende derzeit nicht genau wissen, wie viel Holz tatsächlich verschwindet und wieder nachwächst. Das Wissen ist jedoch für die Klimaforschung enorm wichtig.

Um besser zu verstehen, in welchem Maß die Erde große Urwälder als Kohlenstoff-Zwischenlager verliert, wird die Europäische Weltraumorganisation (Esa) 2024 den Satelliten Biomass ins All schicken. Seine Radarstrahlen sollen durch die Laubdecke der Dschungel blicken, um zur wesentlichen Biomasse durchzudringen, den Baumstämmen und Ästen.

Biomass wird Teil der „Earth Explorer"-Flotte der Esa: einer wissenschaftlichen Avantgarde von Klimasatelliten, einige schon in Betrieb, mindestens vier weitere in Planung. Insgesamt betreiben die großen Raumfahrtagenturen weltweit mehrere Hundert Erdbeobachtungssatelliten. „Klimawissenschaftler könnten ohne sie nicht mehr arbeiten", sagt Josef Aschbacher, Generaldirektor der Esa und vorher Direktor ihrer Erdbeobachtungsprogramme. „2019 etwa ist in der Antarktis eine große Eisscholle abgebrochen, 1600 Quadratkilometer groß. Solche Dinge sieht man nur vom Satelliten aus. Genau da wohnt ja keiner."

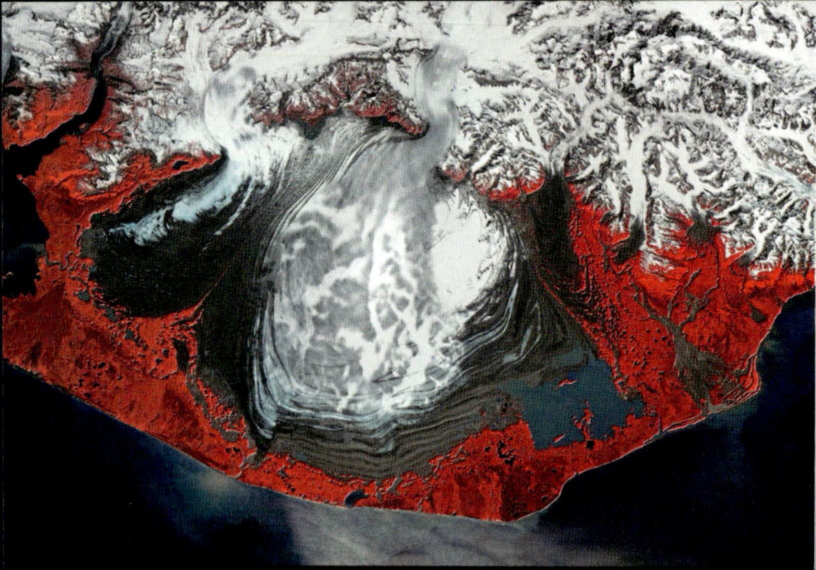

Aus dem Orbit ist ein eventueller Schwund von Eismassen wie denen des Malaspina-Gletschers in Alaska am besten zu erkennen (Vegetation ist im Bild rot gefärbt)

Die Satelliten erfassen die Vitalparameter der Patientin Erde: Temperatur und Luftdruck, Windstärke und -richtung, Konzentrationen von Gasen sowie die Menge von Staubteilchen in der Atmosphäre. Hinzu kommen Höhe und Form der Gebirge und die Ausdehnung der Wüsten, der Anstieg des Meeresspiegels, die Fläche der Wälder und der Eiskappen an den Polen.

Die gesammelten Daten sollen helfen, die drei drängenden Fragen der Klimaforschung zu beantworten: Was ändert sich? Warum ändert es sich? Und welche Folgen hat die Änderung für Natur und Menschen?

Die Satelliten fliegen meist in einem niedrigen Erdorbit in mehreren Hundert Kilometer Höhe und erfassen mit ihren Sensoren die Wellenlängen jener Strahlung, die von der Erdoberfläche oder von Teilchen in der Atmosphäre ins All (zurück)geworfen wird.

Klimaforschende möchten aber auch Orte untersuchen, auf die Wolken, Dunkelheit oder eben ein Blätterdach den Blick versperren. Dann kommt auf Satelliten häufig Radar zum Einsatz, wie auf Biomass: Stämme und Äste der Bäume reflektieren die langwelligen Radarstrahlen zurück ins All, wo in etwa 650 Kilometer Höhe die zwölf Meter große Empfangsschüssel des Satelliten sie auffangen wird. Unter Biomass dreht sich die Erde etwa alle hundert Minuten ein Mal. Da die Sonde bei der nächsten Drehung denselben Ort leicht versetzt beobachtet, kann sie die Wälder der Erde dreidimensional abbilden und so die Biomasse ermitteln.

Der aus Darmstadt gesteuerte Esa-Satellit Cryosat-2 arbeitet ebenfalls mit Radarstrahlen, er misst die Ausdehnung der polaren Eisdecken und die Mächtigkeit ihrer Ränder, während er mit etwa 28 000 Kilometer pro Stunde über sie hinwegfliegt. Nach dem gleichen Prinzip bestimmt der im Dezember 2022 gestartete Satellit Swot, betrieben von der Nasa und der französischen Raumfahrtagentur CNES, die Höhen von Meeren und Flüssen auf wenige Zentimeter genau.

Von Interesse sind auch so alltägliche Wetterphänomene wie der Wind. „Er reguliert den Energieaustausch in der Atmosphäre. Ohne Winde würde der Äquator überhitzen, und die Pole würden komplett einfrieren", erklärt Josef Aschbacher. Der Esa-Satellit Aeolus ist derzeit der Trumpf in der Windmessung, er vermisst rund um die Erde in unterschiedlichen Höhen Windstärke und -richtung.

Aeolus nutzt erstmals ein Doppler-Wind-Lidar: Aus 320 Kilometer Höhe sendet das Lidar einen UV-Laserstrahl in die Erdatmosphäre. Dort wird das Laserlicht an Aerosolen – zumeist Staub, Eis und Wassertröpfchen – reflektiert. Der Trick: Je nachdem, ob sich ein vom Wind bewegtes Teilchen zum Satelliten hin- oder von ihm wegbewegt, ändert sich die Frequenz der zurückgeworfenen Strahlung. Dadurch lassen sich die Geschwindigkeit und die Richtung der Aerosole ermitteln und darüber die des Windes.

Globale Messungen sind für viele Parameter der Klimaforschung nötig. „Die Satelliten", sagt Aschbacher, „können sie mit dem gleichen Qualitätsstandard in China, Indien und Amerika ermitteln. Noch vor etwa zehn Jahren hatten wir in Europa bei Luftqualitätsmessungen am Boden Sprünge von einem Land zum anderen. Das hatte aber nichts mit der unterschiedlichen Luftqualität zu tun, sondern mit verschiedenen Messstandards." Die Satelliten liefern über Jahre hinweg kontinuierlich vergleichbare Daten – das ist der Goldstandard in der Wissenschaft.

„Für die vergangenen dreißig Jahre gibt es Daten meteorologischer Satelliten. Für länger zurückliegende Zeiträume schauen wir in Eisbohrkerne", sagt Heinrich Bovensmann vom

Die Aufnahme des Sentinel-2-Satelliten zeigt im Meer vor der Insel Usedom smaragdgrüne Wirbel: Hier hat bereits im Februar eine Algenblüte eingesetzt

Kahlschlag: Die beiden Aufnahmen der Landsat-Satelliten von 1986 (l.) und 2022 offenbaren den massiven Verlust an Wald im bolivianischen Tiefland nahe der Stadt Santa Cruz de la Sierra

Institut für Umweltphysik an der Universität Bremen. Die Satellitendaten verraten nicht nur den Ist-Zustand der Erde, sie ermöglichen vielmehr theoretische Klimamodelle: „Wir wollen vor allem die globale Temperaturerhöhung verstehen."

Im Fokus der Forschenden stehen dabei die Treibhausgase. Neben den absoluten Konzentrationen der Substanzen möchten Wissenschaftlerinnen und Wissenschaftler ermitteln, wie sich die Anteile der klimarelevanten Gase über die Zeit ändern, wo sie herkommen und wo sie später wieder aufgenommen werden.

Das ist keine einfache Aufgabe: Kohlendioxid hat einen Volumenanteil von nur etwa 0,04 Prozent an der Atmosphäre. Zudem schwankt dieser Anteil jahreszeitlich bedingt um ein bis zwei Prozent. Bislang können nur wenige Satelliten solch feine Unterschiede der Gaskonzentration erkennen.

Das modernste Gerät betreibt derzeit Japan. Seit 2018 umkreist Ibuki-2 mit einem Infrarotspektrometer die Erde. Das Gerät misst die von der Erdoberfläche reflektierten Sonnenstrahlen und analysiert, in welchem Maß Kohlenmonoxid und -dioxid sowie Methan bestimmte Wellenlängen herausfiltern.

» Nicht jeder **Staat kann oder will** seine Emissionen **korrekt angeben** «

Die Kohlendioxid-Konzentration in der Atmosphäre liegt zurzeit bei etwa 417 ppm (parts per million). Laut der japanischen Raumfahrtagentur kann der knapp zwei Tonnen schwere Ibuki-2 den CO_2-Anteil auf bis zu 0,5 ppm genau ermitteln. Das entspricht einem Kohlendioxid-Molekül, umgeben von zwei Millionen anderen Teilchen.

Damit ist die Klimaforschung einem ihrer wichtigsten Ziele näher gekommen, nämlich zu klären, wo und wie viel Treibhausgase entstehen. Ibuki-2 gelingt es, schwankende Konzentrationen von Gasen in einem Raster von 500 Quadratkilometern zu ermitteln. Seine Messungen deuten auf erhöhte Konzentrationen von Kohlenmonoxid unter anderem in Indien und China sowie Zentralafrika und Mexiko hin. In diesen Weltgegenden werden mutmaßlich überdurchschnittlich viele fossile Brennstoffe verfeuert beziehungsweise Wälder großflächig brandgerodet.

Ibukis Nachfolger Gosat-GW soll laut der japanischen Raumfahrtagentur Jaxa ab 2024 Treibhausgase im Dreitagesrhythmus mit einer Auflösung von deutlich weniger als drei Kilometern messen und dabei Städte und sogar große Kohlekraftwerke ins Visier nehmen.

Solche punktuellen Messungen werden in Zukunft wichtig für die Einhaltung internationaler Verträge wie das wegweisende Klimaübereinkommen von Paris 2015 und seine Nachfolger. „Wenn Staaten verbindlich vereinbaren, ihre CO_2- und Methan-Emissionen zu reduzieren", so Bovensmann, „muss auch eine Sensorik bereitstehen, um das weltweit zu überwachen." Nicht jeder Staat wird seine Emissionen korrekt angeben können – oder wollen, so die Befürchtung.

„Das Überwachungsnetz muss noch viel dichter werden", sagt Esa-Generaldirektor Aschbacher. Der studierte Meteorologe träumt von einem voll vernetzten Schwarm von Satelliten, der jederzeit ein aktuelles Bild der Erde liefert. Mit weiterentwickelten Algorithmen ließen sich dann eines Tages in Echtzeit das zukünftige Klima und seine unmittelbaren Auswirkungen modellieren. „Was wir gern hätten, ist ein digitaler Zwilling der Erde."

Schwächere Herzen schrumpfende Hirne

Was passiert mit dem Körper in Schwerelosigkeit? Eine Weltraummedizinerin erklärt die Risiken einer Reise zum Mars

Interview: Martin Scheufens

Bergita Ganse ist Fachärztin für Physiologie, Orthopädie und Unfallchirurgie sowie Professorin an der Universität des Saarlandes. Dort erforscht sie in Kooperation mit Nasa, Esa und dem DLR die Folgen von Immobilisation auf die Muskeln, Knochen und den Knorpel, unter anderem an der Crew auf der ISS. Mit ihrem Bruder Urs, einem Astrophysiker, schrieb Ganse »Das kleine Handbuch für angehende Raumfahrer«

GEOkompakt: *Frau Professorin Ganse, ist bekannt, was auf die Crew bei einer Marsmission körperlich zukommt?*
Bergita Ganse: Der Öffentlichkeit ist vieles nicht bewusst, doch wir Weltraummediziner*innen erwarten erhebliche Schwierigkeiten. So sehen viele Astronaut*innen nach einem Raumflug schlechter, es gibt bleibende Sehstörungen. Das liegt nur zum Teil an den Augen selbst – auch das Gehirn schrumpft an manchen Stellen und bleibt nach der Rückkehr kleiner.

Die Raumfahrenden werden dümmer?

Das ist noch nicht ausreichend erforscht, man hat das Schrumpfen des Hirns aber mit bildgebenden Verfahren nachgewiesen, und zwar nicht nur bei Astronauten, sondern auch bei Überwinternden auf Antarktis-Stationen. Wenn also die Nasa sagt, eine Marsreise sei machbar, dann antworten wir: Klar, aber gesund ist es sicher nicht, und um einen Raumflug risikoarm planen zu können, sind noch viele Studien nötig.

Lassen Sie uns eine fiktive Reise zum Mars beginnen. Nach welchen Kriterien werden die Raumfahrenden ausgewählt?

Grundsätzlich kann fast jeder ins All fliegen. Auch Brillenträger, wenn sich ihre Sehschwäche weglasern lässt. Man muss nicht besonders kräftig oder sportlich sein – wichtiger sind technisches Verständnis, psychologische Faktoren und die soziale Verträglichkeit.

Wie sieht ein gutes Team aus?

Es ist gleichmäßig mit Männern und Frauen besetzt. Wenn Männer unter sich sind, das belegen Studien, neigen sie zu „ungünstigen Verhaltensweisen". In den Anfangstagen der Raumfahrt flogen meist Kampfpiloten, da kam es schon mal zu Schlägereien im All. Sobald eine Frau im Team ist, verhalten sich Männer deutlich kooperativer.

Sind Frauen körperlich im Nachteil?

Nein, aus medizinischer und psychologischer Sicht spricht absolut nichts gegen Frauen. Im Gegenteil: Die eben genannten Augenprobleme haben hauptsächlich Männer. Frauen haben noch einen Vorteil: Sie sind leichter und essen weniger – Astronautinnen sparen also Gewicht ein.

Der Start unseres Teams ist geglückt. Was erleben die Frauen und Männer zu Beginn in der Schwerelosigkeit?

Zwei Drittel der Menschen haben Kopfschmerzen, ihnen ist übel, sie müssen plötzlich erbrechen. Sie erleben die „Weltraumkrankheit": Das Gehirn ist überfordert, denn der Gleichgewichtssinn im Innenohr sendet Informationen, die denen des Auges widersprechen. Bis zu vier Tage hält das an – in dieser Zeit sind „Weltraumspaziergänge" verboten, denn wenn man sich in den Helm übergibt, kann man nichts mehr sehen.

Wie wirkt sich die Schwerelosigkeit langfristig aus?

Die Raumfahrenden wachsen in der Schwerelosigkeit um mehr als fünf Zentimeter. Die Wirbelsäule wird gerade. Zudem drückt die Schwerkraft die Bandscheiben nicht mehr zusammen, woraufhin sie sich mit Wasser vollziehen. Die meisten Astronaut*innen klagen in der ersten Woche über Rückenschmerzen. Übrigens passiert auf der Erde das Gleiche mit der Wirbelsäule im Schlaf, weswegen man morgens etwa einen Zentimeter größer ist als abends.

Die Fliehkraft in Zentrifugen wie der am Deutschen Zentrum für Luft- und Raumfahrt in Köln wirkt wie die Schwerkraft. Forschende untersuchen, ob sich so auf langen Raumflügen der Muskelabbau bremsen lässt

Die US-amerikanische Astronautin Karen Nyberg untersucht auf der ISS ihre Augen. In der Schwerelosigkeit steigt mehr Flüssigkeit in den Kopf, wodurch sich etwa der Augapfel verändern und die Sehkraft verschlechtern kann

Kopfschmerzen, Rückenschmerzen, Übelkeit – wird die Liste der Probleme noch länger?

Die Flüssigkeit im Körper verschiebt sich von den Füßen in den Kopf. Die Astronaut*innen haben „bird legs", dünnere Beine, und „puffy faces", aufgedunsene Gesichter. Dieser „fluid shift" hat aber auch positive Effekte: Wenn man sich das Sprunggelenk verstaucht, schwillt es nicht an, da weniger Flüssigkeit in den Beinen ist.

Wie ändert sich die Wahrnehmung?

Der Geschmackssinn ändert sich bei manchen der Raumfahrenden: Die Geschmacksknospen schwellen an. Einige Astronaut*innen schmecken weniger intensiv, sie freuen sich über salzigeres und schärferes Essen. Getränke mit Kohlensäure wiederum sind unangenehm, denn die Blasen spannen den Darm: Das schmerzt. Auf der Erde sammelt sich das Gas ja immer oben im Magen – man wird es los, indem man rülpst. Aber das sind die kleineren Probleme, die größeren entstehen erst auf dem langen Weg zum Mars.

Was passiert auf dem Hinflug?

Das Immunsystem gerät außer Kontrolle, denn viele Immunzellen nutzen die Schwerkraft, um sich zu orientieren. Im Raumflug können Krankheiten auftauchen, die ein Astronaut früher mal hatte. So können Viren für Windpocken, die das Immunsystem unter Kontrolle hatte, wieder die Oberhand gewinnen.

> »Raumfahrende leiden unter Rückenschmerzen, sie **WACHSEN** in der Schwerelosigkeit um mehr als fünf Zentimeter«

Was geschieht noch?

Alles, was nicht belastet wird, baut der Körper ab. In den ersten Tagen können Raumfahrende zwanzig Prozent ihrer Muskelmasse und -kraft verlieren, bei einer längeren Mission noch viel mehr, schließlich lässt sich in Schwerelosigkeit selbst ein Raumschiffmodul auf dem kleinen Finger balancieren. Auch das Herz schrumpft, weil es weniger stark pumpen muss. Erst wenn die Menschen auf einem Planeten landen, spüren sie die Folgen: Nach kleinen Anstrengungen sind sie völlig außer Puste.

Wie lässt sich verhindern, dass Muskeln abgebaut werden?

Auf der Raumstation trainieren die Astronaut*innen intensiv, täglich bis zu zweieinhalb Stunden. Zudem können sie Medikamente gegen Osteoporose einnehmen. Das hilft auch gegen den Knochen- und Knorpelabbau. All diese Maßnahmen begrenzen den Abbau stark – das ist ein großer Forschungserfolg.

*Wie trainieren Astronaut*innen in der Schwerelosigkeit?*

Da Hanteln und der Körper nichts wiegen, musste die Raumfahrt sich etwas anderes ausdenken. Auf der ISS werden aktuell drei Trainingsgeräte benutzt: ein Laufband, auf dem man mit Gummizügen befestigt ist, die einen Richtung Laufband ziehen. Dann gibt es ein Fahrrad, man schnallt sich mit Klickpedalen daran fest; es gibt keinen Sattel, weil man ohnehin nicht sitzen kann. Für das Krafttraining gibt es das ARED: ein Gerät mit Unterdruckzylindern, aus denen man Stempel herausziehen muss. Damit lassen sich alle Übungen aus dem Fitnessstudio machen: Kniebeugen, Bankdrücken, Umsetzen, Reißen, Stoßen ...

Solche Maschinen müsste man mit zum Mars nehmen?

Ja. Zusätzlich erforschen wir den Einsatz künstlicher Schwerkraft in Kombination mit Training. Die Crew könnte eine Kurzarmzentrifuge mitnehmen und sich darin regelmäßig der Zentrifugalkraft aussetzen, die wie Schwerkraft wirkt. Die Zentrifuge hat einen Durchmesser von etwa sieben Metern – das würde in das „Space Launch System" passen, die neu entwickelte Rakete der Nasa.

Kann man den Muskelabbau in der Zentrifuge aufhalten?

Dazu haben wir 2019 Experimente in einer Bettruhestudie der Nasa und Esa durchgeführt. Die Proband*innen lagen sechzig Tage lang im Bett, mit Sechs-Grad-Kopftieflage. Stets musste eine Schulter die Matratze berühren, selbst für den Toilettengang durften sie nicht aufstehen. Die Muskulatur baute sich ab wie in der Schwerelosigkeit. In der Studie haben wir den Einsatz der Zentrifuge als Gegenmaßnahme untersucht. Wir haben herausgefunden, dass die künstliche Schwerkraft allein nicht ausreicht, um die Muskulatur zu erhalten, sie muss mit Training kombiniert werden. Auf der ISS untersuchen wir derzeit, ob der Einsatz muskulärer Elektrostimulation den Muskelabbau reduzieren kann, also durch Stromstöße. In unserem ISS-Experiment „Muscle Stimulation" werden in den nächsten Jahren acht Astronauten diese Gegenmaßnahme einsetzen und acht nicht.

Was passiert, wenn man nicht komplett ruhiggestellt ist, sondern sich bloß weniger bewegt?

Auch dann kommt es zu einem Abbau – wie viel es ist, hängt davon ab, wie aktiv man vorher war. In Zusammenarbeit mit der Esa planen wir aktuell eine Studie zum Muskel- und Knorpelabbau bei Überwinternden auf der Antarktis-Station Concordia. Die Station liegt auf über 3200 Meter Höhe, und die Menschen verbringen dort mehr als ein Jahr. Im Winter sind sie völlig auf sich allein gestellt und können wegen der extremen Kälte kaum die Station verlassen.

*Die Forschung der Weltraummedizin kommt offenbar nicht nur Astronaut*innen zugute.*

Viele der Probleme betreffen auch Patient*innen, die lange liegen müssen oder sich nicht richtig bewegen können. Unsere Aufgabe ist es, die Erkenntnisse der Forschung an den Raumfahrenden für die Medizin auf der Erde nutzbar zu machen.

Lassen sich in der Schwerelosigkeit zur Not auch Operationen durchführen?

Theoretisch ja, das wurde im Weltraum aber noch nie gemacht. Die Nasa hält die Wahrscheinlichkeit einer Operation auf einer Marsmission für so gering, dass sie auf die Ausstattung verzichten will. Da jedes Zusatzgewicht die Kosten erhöht, soll die Crew nur etwa zwei Kisten medizinisches Equipment mitnehmen. Als Medizinerin würde ich der Crew ein größeres Raumschiff mit mehr medizinischem Material wünschen. Die Nasa lässt gerade sehr teure, besonders kleine Geräte entwickeln. Dennoch könnte die Crew wohl nur akute Notfälle behandeln, Zähne ziehen sowie Nierensteine behandeln. Hauptsächlich wird sie Medikamente mitnehmen, und zwar viele. Denn die Weltraumstrahlung zersetzt deren Wirkstoffe: Auf der Rückreise müssten die Raumfahrenden viel höhere Dosen nehmen als auf dem Hinweg.

»Zähne ziehen, Nierensteine behandeln, viele **MEDIKAMENTE.** Auf weiteres Equipment will die Nasa verzichten«

*In der Science-Fiction werden Astronaut*innen eingefroren und erst am Ziel wieder aufgetaut.*

Für Kleinstlebewesen ist das möglich, aber vom Hyperschlaf für Menschen ist die Medizin noch ganz weit entfernt. Für den Körper muss die Zeit quasi stehen bleiben, sonst ist die Astronautin nach dem Aufwachen so unfit wie eine Komapatientin.

In unserer fiktiven Reise kommt das Team endlich auf dem Mars an. Was droht ihm dort?

Auf dem Mars ist wie auf der gesamten Reise die Weltraumstrahlung ein großes Problem. Auf der Erde schützen uns die Atmosphäre und das Magnetfeld. Sobald die Crew das Erdmagnetfeld verlässt, steigt die Belastung enorm, schwerere und energiereichere Teilchen prasseln auf sie ein. Darunter sind etwa Eisenkerne, die die Chromosomen in unseren Zellen komplett durchschlagen können. Die Strahlung schädigt auch Gewebe, zum Beispiel Gelenkknorpel. Gefährlich sind vor allem solare Masseauswürfe: Für diese plant man ein Frühwarnsystem, die Raumfahrenden müssten dann in eine abgeschirmte Schutzkammer flüchten oder spezielle Anzüge anziehen. Optimal wäre Blei, aber das ist zu schwer für die Raumfahrt.

Im All verlieren Raumfahrende schnell bis zu zwanzig Prozent Muskelmasse. Die Besatzung der ISS trainiert daher täglich bis zu zweieinhalb Stunden, etwa auf einem Fahrrad-Ergometer

Die Raumfahrenden sind enormer Strahlenbelastung ausgesetzt. Nimmt man in Kauf, dass sie Krebs bekommen?

Ja. Daher hat die Nasa ihre Strategie geändert: Es sollen ältere Menschen zum Mars fliegen, über fünfzig Jahre alt. Die Raumfahrenden sollen so alt sein, dass sie möglichst natürlich sterben, bevor ihr Krebs auftritt. Auch würde man eine engmaschige Nachsorge durchführen, um Krebs frühzeitig zu erkennen und zu behandeln.

Auf dem Mars wollen Menschen vor allem klären, ob es dort Leben gibt oder irgendwann einmal gab. Wären solche Organismen gefährlich?

Das ist derzeit noch unklar. Nach einer Theorie kam das Leben einst vom Mars auf die Erde. In dem Fall wäre Leben auf dem Mars dem auf der Erde ähnlich, es hätte die gleiche DNA-Struktur – mögliche Keime könnten uns dann tatsächlich infizieren. Extraterrestrisches Leben könnte aber auch völlig anders sein, dann wäre eine Infektion unwahrscheinlich. Doch noch wurde kein Leben außerhalb der Erde gefunden.

Schließlich steht die lange Rückreise bevor. Hat das Team nun das Schlimmste hinter sich?

Nein, nun tritt das Third-Quarter-Phänomen auf: Nach der Hälfte der Zeit, im dritten Viertel, droht der psychologische Tiefpunkt. Der Höhepunkt der Reise liegt hinter der Crew, die Spannung fällt ab, die inneren Reserven sind aufgebraucht. Das Essen langweilt, alle Filme sind gesehen. Das Zusammenleben wird schwieriger, Konflikte treten auf.

Woher weiß die Forschung das?

Etwa von Antarktisstationen, wo jedes Jahr Menschen überwintern. Hier finden psychologische Studien von Nasa und Esa statt. 2010/2011 gab es zudem eine große Studie in Moskau, „Mars-500", in der sechs Menschen für 520 Tage in einem Container isoliert wurden. Obwohl sie darauf speziell vorbereitet wurden, traten Probleme auf. Manche saßen am Ende nur noch herum, haben nicht mehr gesprochen.

Wie werden die Menschen darauf vorbereitet?

Konflikte lassen sich nicht verhindern. Eigenheiten von Menschen, auch kulturelle Unterschiede, die im Alltag nicht stören, werden über die lange Zeit problematisch. Die Crew sollte schon vorher Abenteuer gemeinsam erleben – die Nasa macht mit ihnen Survivaltraining, die russische Weltraumorganisation Roskosmos geht mit ihnen in die Steppe. Die Raumfahrenden werden in konfliktträchtige Situationen gebracht und sollen lernen, diese zu erkennen und zu managen.

Gut, dass die Reise irgendwann zu Ende geht. Zurück auf der Erde: Hat die Crew jetzt alles überstanden?

Direkt danach wird es ihnen schlecht gehen. Der US-Amerikaner Scott Kelly war 2015/2016 ein ganzes Jahr auf der ISS. Ihm ging es danach wesentlich schlechter als nach einer Mission von wenigen Monaten. Nach der Reise zum Mars müssten die Raumfahrenden ein umfangreiches Reha-Programm absolvieren. Ihr Risiko für Bandscheibenvorfälle etwa ist durch die Mission auf ein Vielfaches gestiegen.

Welche Langzeitschäden drohen?

Wegen des Knochenabbaus bekommen die Astronaut*innen im Alter früher Osteoporose: Die Knochendichte ist niedriger und die Knochenstruktur verändert, sie haben im Alter eventuell häufiger Brüche. Auch das Krebsrisiko ist erhöht.

*Die Herausforderung besteht also auch darin, Astronaut*innen nach der Rückkehr ein gutes Leben zu ermöglichen.*

Ja, das Ausmaß der Schäden ließe sich eindämmen, vor allem durch umfangreiches Training und Equipment. Doch es muss aus Kostengründen so viel Gewicht gespart werden wie möglich, notfalls gar auf Kosten der Gesundheit. Sollte das tatsächlich passieren, muss später allen bewusst sein: Man hätte die Raumfahrenden in einem besseren Zustand zurückbringen können, hätte man mehr Geld investiert.

*Die Astronaut*innen opfern ihre Gesundheit?*

Ja, sie werden Einschränkungen im späteren Leben haben. Das wissen sie aber, bevor sie aufbrechen.

Dem MA

Wenn die untergehende Sonne rotes Licht über den Krater Ramon wirft, scheinen die Hobby-Astronautinnen über unseren Nachbarplaneten zu spazieren

RS so nah

In der israelischen Wüste probt eine Forschungsgruppe die Zukunft: eine Mission auf dem Roten Planeten

Text: **Martin Scheufens**
Fotos: **Florian Voggeneder**

„Fahre zurück zur Marsstation" lautet der Auftrag, und so rollt der Rover „Mercator" an diesem Tag im Oktober 2021 durch die Wüstenlandschaft. Während er über Gesteinsplatten und roten Sand ruckelt, sucht er sich eigenständig den Weg, erkennt Hindernisse und umfährt sie. Mit wenigen Metern Abstand folgen ihm neugierig seine Erschaffer.

Mehrere Kilometer hat der Rover an diesem Tag bereits absolviert, hat einen fernen Hügel erkundet und die Strecke dorthin kartiert. Nur noch 300 Meter trennen ihn vom Ziel, da biegt er ohne erkennbaren Grund vom Weg ab. Statt auf seinen Unterstellplatz steuert „Mercator" geradewegs auf den Eingang der Marsstation zu: auf die metallisch glänzende Schleuse, durch die sonst die Astronautinnen und Astronauten treten.

Der Rover hält an. Es sieht aus, als würde er innehalten, stutzen, nachdenken. Er merkt, dass etwas vor ihm ist, aber er kann es nicht einordnen. Er fährt ein kleines Stück darauf zu. Dann noch eins.

„Lassen wir ihn, oder sollen wir ihn ausschalten?", fragt einer der Entwickler in die Runde. Sie entscheiden, nicht einzugreifen, gespannt wartend, ob der Rover seinen Fehler erkennt. Doch „Mercator" ruckelt abermals frontal auf die Unterkunft zu. Kurz bevor er mit ihr kollidiert, drückt ein Entwickler doch noch den roten Stoppknopf. Abrupt bleibt der Rover vor der Schleuse stehen. „Keine Ahnung, was da schiefgelaufen ist!" – die Ingenieure der TU Graz manövrieren „Mercator" die letzten Meter per Joystick zum Ziel.

Im Herbst 2021 wurde in Israel ein kurioses Schauspiel aufgeführt. Für mehrere Wochen mimte die Negev-Wüste den Roten Planeten. Sechs Menschen lebten isoliert in einem futuristischen Fertigbau, stapften in Raumanzügen durch die Landschaft, führten medizinische, psychologische, geologische Experimente aus, ließen Drohnen fliegen und Rover fahren. Das Team simulierte eine Raumfahrtmission auf dem Mars.

„Das ist kein Live-Action-Rollenspiel", betont Leiter Gernot Grömer. „That's the real thing." Soll heißen: Hier geht es um ernsthafte Forschung. Die Herausforderungen und Gefahren zukünftiger Missionen sollen erprobt und erkannt werden. Dafür haben sich 210 Forschende, Mediziner und Technikerinnen aus 25 Nationen zusammengeschlossen.

„Analogmissionen" heißen solche Simulationen von Weltraumabenteuern auf der Erde. Ein junger Forschungszweig, der angesichts der Pläne, Mond und Mars zu besuchen, an Bedeutung gewinnt. Das Österreichische Weltraum Forum (ÖWF) hat die Simulationsstudie in der Negev-Wüste organisiert – und ihr, Mozart im Sinn, einen sehr österreichischen Namen gegeben: „Amadee".

Schon ein Dutzend solcher Exkursionen organisierte das ÖWF. Damit hat sich das noch relativ junge Netzwerk weltweit bekannt gemacht. Grömer erzählt, wie die Nasa vor Jahren selbst eine Analogmission plante und eine Frage aufkam, die niemand beantworten konnte. Damals habe es im Nasa-Hauptquartier in Washington geheißen: „Ask the Austrians!", „Fragt die Österreicher!". Für Gernot Grömer das bislang höchste Lob.

Schauplatz der 13. Mission des ÖWF ist der Machtesch Ramon, mit bis zu zehn Kilometer Breite der größte Erosionskrater der Wüste Negev. So weit das Auge reicht, erstrecken sich karge Sandflächen, übersät mit Steinen, in der Ferne Plateaus mit Geröllhängen. Außer in ein paar Senken wächst hier: nichts.

Auch geologisch ähnelt der Machtesch Ramon dem Mars: Neben Vulkangestein finden sich hier Sedimente, einst prägte Wasser das Terrain. Der Sand hat sogar vielerorts das charakteristische Mars-Rot, dank Silikaten, Eisen- und Magnesiumoxiden.

Einzig Funkmasten auf den Hügeln stören die perfekte Kulisse. Sie wurden eigens errichtet, um die Signale des Teams einzufangen und zur „Erde" zu senden, die in diesem Fall in Innsbruck liegt. Das dortige Lagezentrum leitet die Mission aus der Ferne. Die meisten der beteiligten Forschenden wiederum sitzen in ihren Instituten rund um die

Über drei Wochen schlafen und arbeiten die sechs Astronaut*innen isoliert auf 52 Quadratmetern. Die »Marsstation« dürfen sie nur in Raumanzügen verlassen

Der Raumanzug lässt sich nicht allein anlegen, die Kollegen helfen Anika Mehlis. Mehr als zwei Stunden dauern die Vorbereitungen für einen Außeneinsatz, das kostet Kraft und Nerven vor der eigentlichen Arbeit

Welt und steuern von dort ihre Experimente. In der Wüste ist nur eine kleine Crew. Dies ist nicht allein der Pandemie geschuldet – bei einer echten Mars-Erkundung wären schließlich auch nur wenige Menschen vor Ort.

„Analog-Astronauten" heißen die sechs Männer und Frauen aus sechs Nationen, die die Rolle der Mars-Eroberer übernehmen. Ins All fliegen werden sie wohl nie – die Simulation ist für sie ein Freizeitabenteuer. Für drei Wochen lebt die Crew isoliert auf 52 Quadratmetern, die Wohn-, Schlaf- und Arbeitsbereiche umfassen. Bloß zwei Personen dürfen pro Tag hinaus, in Raumanzügen für einen Außeneinsatz.

Mehr als zwei Stunden brauchen die Teilnehmenden, um sich für den Ausflug zu rüsten. Zahlreiche Geräte im Raumanzug werden initialisiert und geprüft: internes Display, Mikrofon, Funkkontakt, auch Sensoren, etwa für EKG, CO_2, Temperatur oder Feuchtigkeit. Jeder Handgriff wird dokumentiert, denn ein falsch gestecktes Kabel, etwa bei der Kühlung, könnte auf dem Mars den Tod bedeuten.

Alles muss perfekt sitzen: Wenn während des Außeneinsatzes etwas schmerzt, zwickt und drückt, lässt es sich unterwegs nicht beheben. Rund fünfzig Kilogramm wiegt solch ein Raumanzug. Zukünftige Mars-Eroberer werden es trotz der geringeren Anziehungskraft nicht leichter haben: Ihre Raumanzüge werden ein Gewicht von über hundert Kilogramm haben.

Die Menschen betreten scheinbar eine **fremde Welt: Nur Sand bis zum Horizont,** und zu hören ist allein der eigene Atem

Die Analog-Anzüge sind so konstruiert, dass sie sich in Gewicht und Kraftaufwand anfühlen wie echte Raumanzüge auf dem Mars. Da dort der Atmosphärendruck geringer ist, würden sich die mit Sauerstoff befüllten Anzüge aufspannen, was Bewegungen einschränkt. Um diese Schwierigkeit zu simulieren, tragen die Analog-Astronaut*innen ein Exoskelett: Es beschwert Arme und Beine und führt zu den markanten langsamen Bewegungen, die von den Mondbesuchern bekannt sind.

Die Anzüge schenken den Tragenden das Gefühl, tatsächlich in einer fremden Welt zu sein. „Die Wahrnehmung ist im Anzug eine andere", erklärt Anika Mehlis. „Die Ventilatoren der Kühlung überdecken alle Außengeräusche. Ich sehe die Lippenbewegungen der anderen, höre sie aber nur über den Knopf im Ohr. Weht der Wind, merke ich nichts davon. Wenn ich hinaustrete auf den Sand, höre ich nur den eigenen Atem und sehe nichts, was an Zivilisation erinnert – da erlebe ich ein Gefühl, wie es sein könnte, eines Tages den Mars zu betreten.“

Anika Mehlis ist Mikrobiologin und arbeitet auf einem deutschen Gesundheitsamt; wie viele der anderen Teilnehmenden der Simulationsstudie hat sie für das Abenteuer Mars ihren Jahresurlaub geopfert.

Bei einem ihrer ersten Einsätze erhält Mehlis einen nur scheinbar simplen Auftrag: Wenige Meter neben der Station sollen sie und ein weiteres Teammitglied Bodenproben nehmen. Im Labor sollen Forschende später daran untersuchen, wie sich astronautische Mikroflora – etwa Pilze und Viren auf der Haut – in der Wüstenumgebung ausbreitet. Sie wollen verstehen, wie Menschen den Mars bei einem Besuch womöglich mit DNA kontaminieren. „Wenn man auf dem Mars nach Spuren von Leben sucht, muss man ausschließen, etwas zu finden, das man selbst mitgebracht hat“, sagt Mehlis. „Und umgekehrt: Sollte dort tatsächlich mikrobielles Leben existieren, will man es nicht aus Versehen zur Erde bringen.“

Als Mehlis im Raumanzug durch die Schleuse tritt, ist sie nur wenige Meter vom Untersuchungsort entfernt. Dennoch klettert sie auf ein Geländefahrzeug. Die kurze Strecke legt sie mit einem Quad zurück, denn im Sitzen kann sie das Gewicht ablegen, das auf ihrem Rücken lastet: eine Klimaanlage mitsamt Batterien. Mehlis muss beinahe ihr eigenes Körpergewicht schultern, im längsten Außeneinsatz über vier Stunden nonstop. Hinzu kommt die körperliche

Außerhalb der irdischen »Marsstation« herrscht derselbe Luftdruck wie in ihrem Inneren, dennoch darf die Crew nur durch eine Schleuse hinaus

Arbeit, etwa Gegenstände heben. Da gilt es, jede Gelegenheit zu nutzen, um Kräfte einzusparen.

An diesem Tag sind es 28 Grad Celsius im Schatten. Die pralle Sonne lässt die Temperatur in ihrem Anzug steigen, es staut sich ausgeschwitzte Feuchtigkeit. Die eingebaute Kühlung kämpft mühsam gegen die Hitze. Der höchste gemessene Wert in Mehlis’ Anzug während der Simulationsstudie: 35 Grad.

In Sichtweite beobachten zwei Einsatzkräfte die Szene. Sie könnten eingreifen, wenn Mehlis kollabiert. Neben einem Notfallkoffer, Essen und Trinken tragen sie auch Feuerlöscher mit sich – für den unwahrscheinlichen Fall, dass eine Batterie zu brennen beginnt und sie die Astronautin aus ihrem Anzug retten müssen.

„Wir wissen: Wir sind nicht auf dem Mars, das nächste Krankenhaus ist zwanzig Minuten entfernt“, sagt Mehlis.

In der Wüste heizt die Sonne die Raumanzüge auf, trotz Kühlung steigt die Innentemperatur auf bis zu 35 Grad Celsius. Obendrein ist die Beweglichkeit stark eingeschränkt. Schon sich nach einem Stein zu bücken wird zum Kraftakt

Und doch: „In den Anzügen ist es richtig anstrengend, die Sicht ist eingeschränkt, die Orientierung fällt schwer. Man kann über jeden Stein stolpern und sich den Knöchel verdrehen – das wäre das Ende des Einsatzes. Natürlich verlieren wir nicht den Realitätsbezug, aber die Außeneinsätze fühlen sich sehr echt an."

Von der „Erde" – beziehungsweise Innsbruck – ist nur eingeschränkt Hilfe zu erwarten. Denn die Kommunikation zwischen beiden Orten wird verzögert. Ein realer Funkspruch vom Mars zur Erde würde je nach Planetenkonstellation bis zu zwanzig Minuten brauchen. Entsprechend werden auch bei „Amadee" alle Signale zwischen Israel und Innsbruck manipuliert: Stellt Mehlis eine Frage, erreicht diese erst zehn Minuten später das Lagezentrum – Mehlis erhält frühestens nach zwanzig Minuten eine Antwort. In der Wüste sind die Analog-Astronaut*innen oft auf sich gestellt und müssen Probleme allein lösen.

Mit einer Baumarkthacke gräbt Mehlis ein kleines Loch. Doch die Bodenprobe aufzusammeln ist erstaunlich herausfordernd. Bücken oder beugen kann sie sich im Anzug kaum. Per Funk planen sie und ihre Kollegin ihr Vorgehen: Die eine lädt Sand auf die Hacke und hebt sie hoch bis zum Probenbeutel, den die andere bereithält. Aus den Proben extrahiert die Mikrobiologin später DNA und friert sie ein, zur weiteren Untersuchung auf der „Erde".

„Nach den Außeneinsätzen ist man völlig fertig, hat am nächsten Tag Muskelkater, muss zwei Tage regenerieren", sagt Mehlis. Das Leitungsteam muss die Missionen entsprechend sparsam und effektiv einsetzen. Eine Frage überspannt daher die gesamte Simulationsstudie: Wie lassen sich die vielen Experimente am besten aufeinander

Während der Mission entnehmen die Analog-Astronaut*innen zahlreiche Bodenproben und verschließen sie in Röhrchen. Später lässt sich an den Proben bestimmen, wie sich die Keime der Crew in der Umgebung ausgebreitet haben. Und es wird in dem Material nach Spuren einstigen Wassers oder Lebens gesucht

AOUDA.X
ÖWF

abstimmen, wann kommen am besten Menschen, wann Maschinen zum Einsatz?

Sowohl die Analog-Crew in der Wüste als auch die Forschenden auf der „Erde“ wissen vor dem Start wenig über das Terrain in der israelischen Wüste. Mit Beginn der Mission betreten sie Neuland.

Ausgangspunkt ihrer Erkundungen bilden Satellitenbilder, die einen groben Überblick geben. Von der „Marsstation“ aus scannt die Crew die Landschaft zunächst mit einer Drohne auf zwei Zentimeter genau. Die Aufnahmen wertet ein Geodäsie-Team in Innsbruck aus und bestimmt Orte zur weiteren Untersuchung. Als vielversprechend gelten ehemalige Seen und Fließgewässer, in deren Sedimenten sich am ehesten Spuren von (einstigem) Leben finden. Da auf dem Mars wahrscheinlich keine DNA entstand, probt das Team die Suche nach Mineralien, die durch basale Stoffwechselprozesse gebildet wurden.

Zu den ausgewählten Orten wird der Rover „Mercator“ vorgeschickt. Er lässt sich von der Station aus steuern, kann seine Missionen aber auch ohne Funkkontakt selbstständig durchführen. Sich an der Karte orientierend, die er von der Drohne übernimmt, sucht er sich Wege zu den interessanten Plätzen, zeichnet sie auf, macht Detailaufnahmen. Aus den Informationen, die er zurück zur Station bringt, bestimmt das Team, welche Orte die meisten Entdeckungen versprechen. Erst dann werden die Analog-Astronaut*innen gezielt dorthin geschickt.

Ebenso wie technische Fragen bestimmen psychologische Faktoren über den Erfolg künftiger Reisen zu fernen Planeten

S

So weit der Plan. Doch im Herbst 2021 büxte kurz vor Ende eines Einsatzes die Drohne aus. Möglicherweise hatte sich ihr Speicher gelöscht, weswegen sie, so die Vermutung, zu ihrem „Ausgangspunkt“ zurückfliegen wollte: dem Punkt auf der Erde mit den Koordinaten 0°/0° – ein Punkt im Atlantik, südlich von Ghana. Die 5000 Kilometer dorthin schaffte sie jedoch nicht: Am übernächsten Tag fand das Team das ausgepowerte Gerät in unzugänglichem Terrain kurz vor der ägyptischen Grenze.

Dennoch zeigt sich Expeditionsleiter Grömer nach der Mission zufrieden. Das Team hatte viele Daten, Proben und Funde gesammelt, ein Schatz für die Forschenden, den sie über viele Monate auswerteten. Mit besonderer Spannung wurde eine Auflösung erwartet: Hatte die Crew die interessantesten Orte in der Wüste aufgespürt?

Zwar entdeckte die Analog-Crew Mineralien, die belegen, dass in der Wüste einst Wasser existierte. Allerdings fanden sie keinen Nachweis für Leben. Und weil die Drohne weniger kartografierte als geplant, ließ das Team Vulkankegel in nächster Nähe links liegen. „Bei einer Mission auf dem Mars hätten wir einige spannende Stellen übersehen“, sagt Grömer selbstkritisch. „Wir haben den Astronauten und Astronautinnen in ihren Außeneinsätzen zu wenig Zeit gegeben, ihre Funde zu reflektieren. Und das Team auf der ‚Erde‘ wiederum hat sich zu wenig mit der Crew über ihre Eindrücke vor Ort ausgetauscht.“ In der nächsten Simulation 2024 sollen die Experimente aus Astrobiologie, Geowissenschaften, Robotik und Psychologie besser aufeinander abgestimmt werden.

„Amadee“ belegt, wie diffizil und störanfällig solch eine Mammutmission, ihre Logistik und Koordination ist. Abläufe, die auf der Erde trivial erscheinen, erweisen sich auf dem Mars als erstaunlich herausfordernd. Diese Erfahrungen sind der wichtigste Gewinn der Analogmission.

„Zu Beginn mussten die optimistischen Tagespläne oft geändert werden. Die Personen, die sie in Innsbruck schrieben, hatten natürlich kein Gefühl für den Ort hier, etwa, wie lange manche Handlungen dauern. Das musste sich erst eingrooven“, erzählt Mehlis einige Wochen nach der Mission. Für ein paar Tage arbeitete das Team über seinem Limit, unter stetem Schlafmangel. Dann entspannte sich die Situation, und auch für so banale, aber wichtige Alltagsdinge wie Putzen und Kochen fand sich zwischen den Experimenten ausreichend Zeit.

Auch an die Kommunikation zwischen „Mars“ und „Erde“ musste sich Mehlis gewöhnen: „Durch die zwanzig Minuten Verzögerung und das dadurch nötige Besprechen mehrerer Themen parallel muss der Ton kurz und sachlich

Eine Drohne scannt die Landschaft autonom dreidimensional ab. Sie offenbart der Crew, was hinter den nächsten Hügeln liegt

Wenn zukünftig Menschen den Mars betreten, werden sie wohl mehr als ein Jahr dort verbringen, erst dann stehen die Himmelskörper wieder günstig für die Rückkehr

sein. Da geht notgedrungen das Zwischenmenschliche verloren, etwa der Humor. Man entfernt sich innerlich voneinander. Bei einer langen Mission steckt darin eine Gefahr."

„Man muss es einmal selbst durchleben, um sich wirklich vorstellen zu können, was die Herausforderungen sein werden bei einer echten Mission", sagt Mehlis. „Wenn Menschen eines Tages zum Mars reisen, muss natürlich gewährleistet sein, dass die Technik funktioniert – aber das wird man in den Griff bekommen. Über den Erfolg der Mission, glaube ich, werden letztlich mindestens genauso sehr die psychologischen Faktoren entscheiden."

Isolation, Enge, Arbeitsbelastung, Schlafmangel – auch auf den Analog-Astronaut*innen lastete viel Stress. Um sich anbahnenden Streit frühzeitig zu erkennen, wurde die Stimmung im Team regelmäßig mit Fragebögen erhoben, auch wurden unter anderem die Positionen der Personen innerhalb der Station überwacht: Rotteten sie sich zusammen, gingen sie einander aus dem Weg?

Das gefürchtete Motivations- und Leistungstief war während der Mission geringer als befürchtet, was Grömer auf die Auswahl des Teams zurückführt: „Wir haben nach Alpha-2-Persönlichkeiten gesucht. Menschen, die – wenn benötigt – eine Kommandofunktion wahrnehmen, sich sonst aber in den Dienst der Gruppe stellen. Leute, die die Gelegenheit nicht übersehen, zum richtigen Zeitpunkt auch mal nichts zu sagen."

Dennoch: Wenn wegen eines Wetterumschwungs, einer unklaren Nachricht oder eines technischen Problems eine Analog-Astronautin den Ablaufplan spontan mit der „Erde" neu besprechen musste, stand sie schon mal eine halbe Stunde im Anzug tatenlos herum – körperlich und psychisch anstrengend. Zu den nur schwer zu beantwortenden organisatorischen Fragen einer Marsmission wird daher gehören, wer wann die Entscheidungsgewalt hat. Wie viel Autonomie wird den zukünftigen Mars-Teams zugestanden? Aber auch: Wie viel können sie entscheiden, wenn all ihre Handlungen eingebettet sind in eine größere Mission, die sie selbst nicht immer überblicken können?

Bei den Apollo-Flügen hieß die Kommandozentrale der Nasa „Mission Control Center", in der Simulation heißt das Innsbrucker Lagezentrum hingegen „Mission Support Center". Denn wenn Menschen den Mars erkunden, wird die Zentrale auf der Erde sie nicht „kontrollieren", sondern bloß „unterstützen" können. „Auf dem Mars werden die Astronautinnen und Astronauten durch die Zeitverzögerung selbstständiger Entscheidungen treffen müssen als damals auf dem Mond. Das verlangt eine ganz andere Ausbildung, eine andere Fähigkeitsskala. Auch das proben wir hier", sagt Mehlis.

Die kleinen und großen Verzögerungen sind Beispiele für die vielleicht zentrale Erkenntnis der „Amadee"-Studie: wie enorm kostbar die Ressource Zeit ist.

Auf dem Roten Planeten haben Ankömmlinge eigentlich nur vier Wochen, bevor sie wieder den Heimweg antreten müssen – aufgrund der Planetenpositionen ist die Rückreise danach erheblich aufwendiger. „Doch wenn du da ankommst, brauchst du erst einmal Zeit, bis du operativ tätig bist, nicht nur, weil die Astronautinnen und Astronauten sich nach der langen Reise erst einmal wieder an die Schwerkraft gewöhnen müssen", sagt Gernot Grömer. „Ich glaube daher, dass die ersten Teams mindestens ein Jahr auf dem Mars bleiben werden, also erst in einem späteren Startfenster zurückfliegen. Ein Jahr klingt nach enorm viel Zeit, aber am Ende wird ihnen selbst diese durch die Finger rinnen. Denn wenn wir in unseren Analogmissionen eines lernen, dann dieses: Es ist sehr leicht, sinnlos Zeit zu verbraten. So ein paar Wochen vergehen wie nichts."

Der Weg zum Roten Planeten

Die Rückkehr zum Mond könnte nur die Generalprobe für ein weiter entferntes Ziel sein: den ersten Menschen auf den Mars zu bringen. Ermöglichen sollen dies neu entwickelte Raketen, Raumschiffe und Stationen

Illustration: **illuteam43**

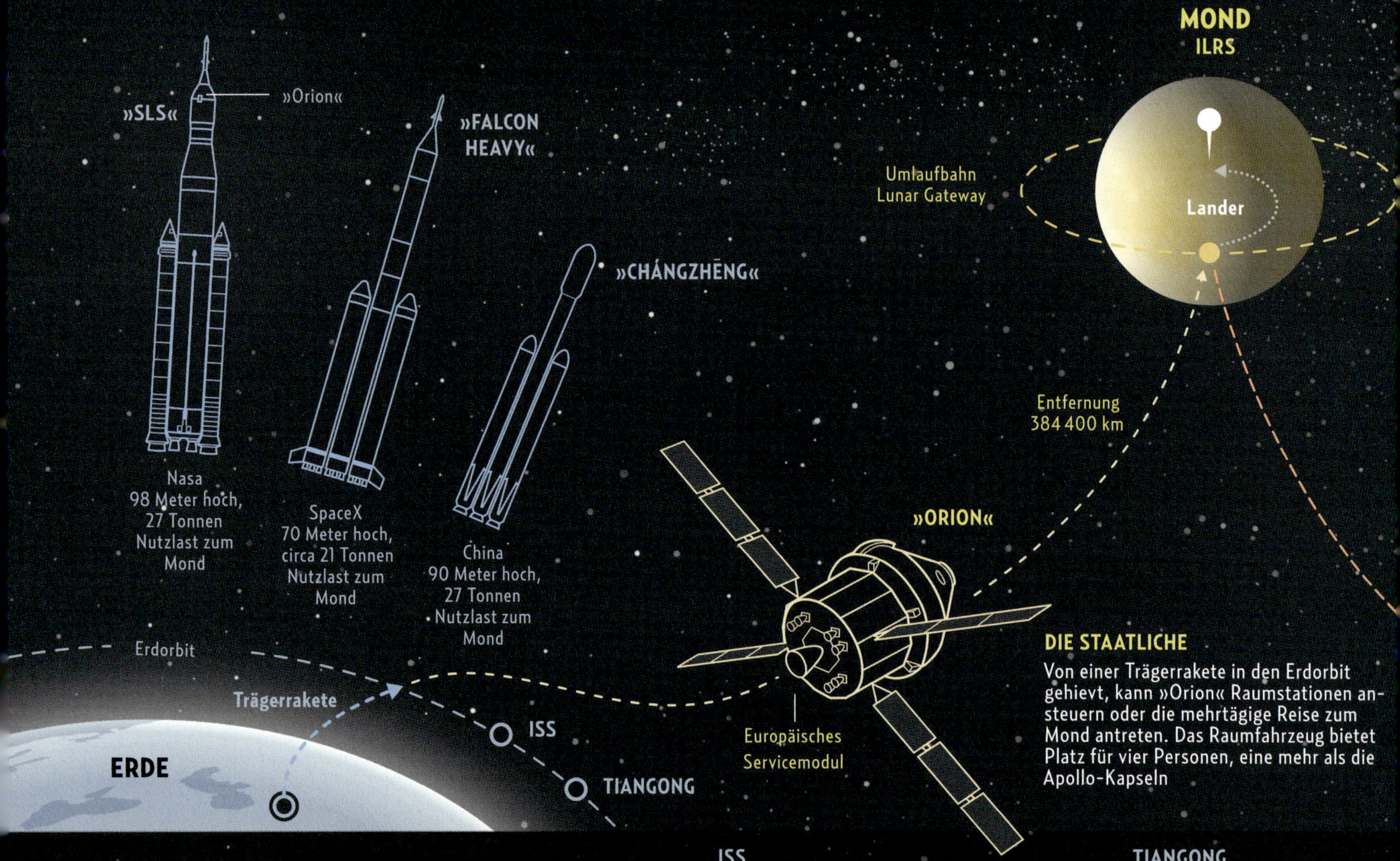

DIE STAATLICHE
Von einer Trägerrakete in den Erdorbit gehievt, kann »Orion« Raumstationen ansteuern oder die mehrtägige Reise zum Mond antreten. Das Raumfahrzeug bietet Platz für vier Personen, eine mehr als die Apollo-Kapseln

KEINE EINIGKEIT
Ursprünglich wollten die Raumfahrtnationen zusammenarbeiten, um Menschen auf Mond und Mars zu bringen. Doch die drohende Blockbildung auf der Erde könnte sich auch im Weltraum auswirken: USA, Kanada, Europa und Japan wollen eine Raumstation namens Gateway bauen, während China und Russland Pläne für eine Mondbasis verfolgen

ISS

Das Ende der ISS ist absehbar: Sie könnte 2031 zum Absturz gebracht werden, nach über drei Dekaden Betrieb. Ihr könnte eine kommerziell betriebene Station folgen

TIANGONG

Da China nicht auf die ISS durfte – infolge nationaler Sicherheitsbedenken der USA –, hat das Land den »Himmelspalast« aufgebaut, eine Raumstation mit zwei Forschungslaboren

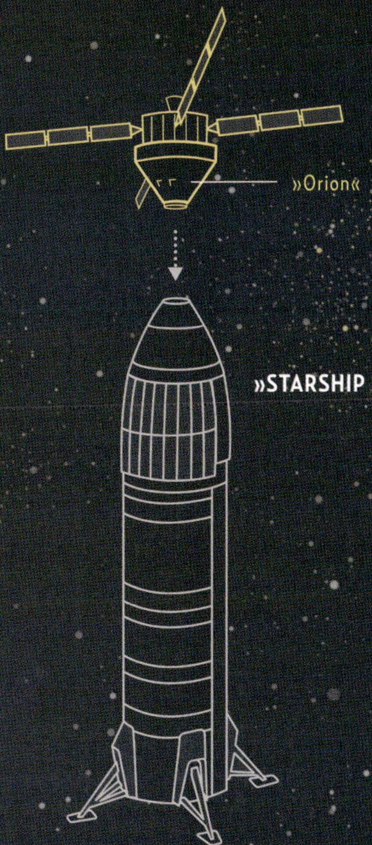

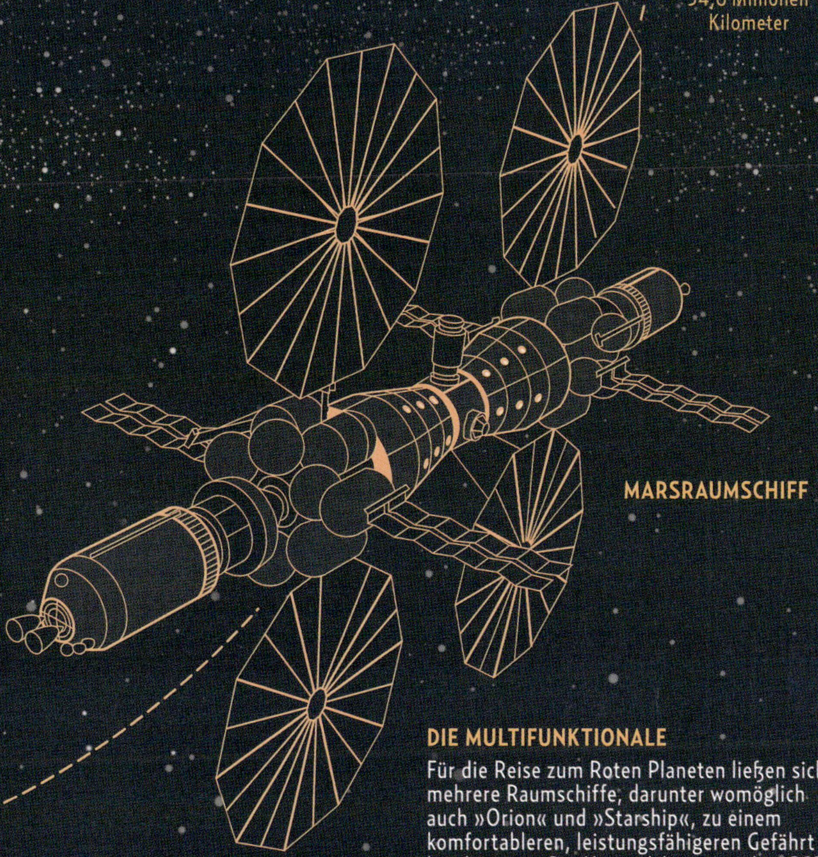

DIE KOMMERZIELLE

Das Unternehmen SpaceX hat »Starship« entwickelt, um Himmelskörper anzufliegen. Seine Bewährungsprobe muss das Raumschiff allerdings innerhalb Nasas Artemis-Programm bestehen, bei dem wieder Menschen auf dem Mond landen sollen

DIE MULTIFUNKTIONALE

Für die Reise zum Roten Planeten ließen sich mehrere Raumschiffe, darunter womöglich auch »Orion« und »Starship«, zu einem komfortableren, leistungsfähigeren Gefährt kombinieren. Die Himmelskörper stehen 2033 und 2048 besonders günstig für einen Flug

LUNAR GATEWAY

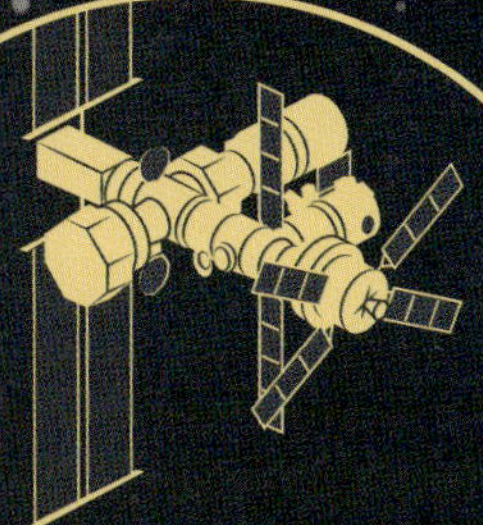

Nahe dem Trabanten plant die Nasa das »Gateway«, eine Raumstation, um Mond und Erde zu erforschen – und ein Sprungbrett für eine Reise zum Mars

ILRS

China und Russland möchten 2036 eine Mondbasis eröffnen, die »International Lunar Research Station«, an der sich auch andere Länder beteiligen könnten

MARSSTATION

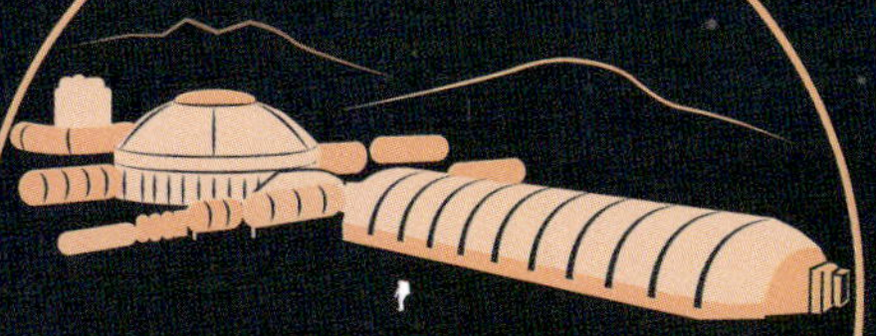

Das große, ferne Ziel: eine eigenständige Station auf dem Mars. Von dort ließe sich hoffentlich die Frage klären, ob Leben auf dem Roten Planeten existiert

Die gewaltige Ausdehnung der Saturnringe täuscht. Sie bestehen aus – zumindest in astronomischem Maßstab – wenig Eis und Gestein: fünfzehn Billiarden Tonnen, ein Fünftausendstel des Erdmondes

Ausflug ins

Die Ringe des Saturn – ein majestätischer Anblick. Und doch nur eine Ansammlung von Eis- und Gesteinsbrocken. Trotzdem lassen der gigantische Gasplanet und seine 83 Monde Forschende immer wieder staunen: über kosmische Ravioli, einsame Propeller und einen Ozean unter Eis, in dem es Leben geben könnte

Reich der Ringe

Text: **Klaus Bachmann**

Steigen Sie ein. Fliegen Sie mit zur größten Attraktion im Sonnensystem. Staunen Sie über Kätzchen, Propeller und Ravioli, bewundern Sie Schäfermonde, Hunderte Kilometer hohe Eisfontänen und Wirbelstürme, die einmal um den ganzen Planeten jagen. Begleiten Sie uns zum Saturn, ins Reich der Ringe und Trabanten, zum Schauplatz, an dem Schwer- und Fliehkräfte eine kosmische Ikone geformt haben.

In der Realität würde die Reise ein bisschen dauern. Anfang März 2023 liegen zwischen dem Ringplaneten und der Erde immerhin gut 1,6 Milliarden Kilometer. Könnten wir mit Lichtgeschwindigkeit fliegen, bräuchten wir knapp neunzig Minuten. In Gedanken sind wir aber im Nu dort.

Welche Sensationen uns auf dem Ausflug in den Außenbezirk unserer kosmischen Heimat begegnen würden, haben Astronomen und Planetologen erst in den vergangenen Jahren erkannt, vor allem seit die Sonde Cassini ab 2004 Hunderttausende Bilder und Unmengen Daten vom Saturn, von seinen Staubscheiben und Monden – mittlerweile sind 83 entdeckt worden – zur Erde funkte.

„An jeder Ecke wartete eine Überraschung der einen oder anderen Art“, sagt Linda Spilker vom Jet Propulsion Laboratory in Kalifornien, wissenschaftliche Leiterin des Cassini-Projekts. Die neuen Erkenntnisse hätten „unsere Sicht auf das Saturnsystem gründlich verändert“.

Die Forschungssonde ist inzwischen in der Atmosphäre des Planeten verglüht, doch sie hat einen einzigartigen Datenschatz hinterlassen. Noch fünfeinhalb Jahre nach dem Absturz sind Wissenschaftler mit der Auswertung beschäftigt, versuchen zum Beispiel, anhand des Ringplaneten Einblicke in die Entstehung des Sonnensystems als Ganzes zu gewinnen. Sie staunen bei ihrer Arbeit regelmäßig aufs Neue.

Lehnen Sie sich zurück, auf geht's zum Astro-Sightseeing. Wir sind noch Hunderttausende Kilometer von den prägnanten Ringen entfernt, aber schon hier tref-

Saturn: Steckbrief

Radius	**60300 km (9,4 Erdradien)**
Masse	**5,68 × 10^{26} kg (95 Erdmassen)**
Tageslänge	**10 Stunden 33 Minuten**
Umlaufzeit um die Sonne	**29,45 Jahre**
Anzahl der Monde	**83**
Masse der Ringe	**1,5 × 10^{19} kg**
Temperatur bei 1 bar	**–139 °C**

sie sind. Auf dem Bild hat die Cassini-Sonde den feinen F-Ring und den äußeren Teil des A-Rings eingefangen, ebenso die vier Monde Pandora, Enceladus, Mimas und Rhea (v. l.)

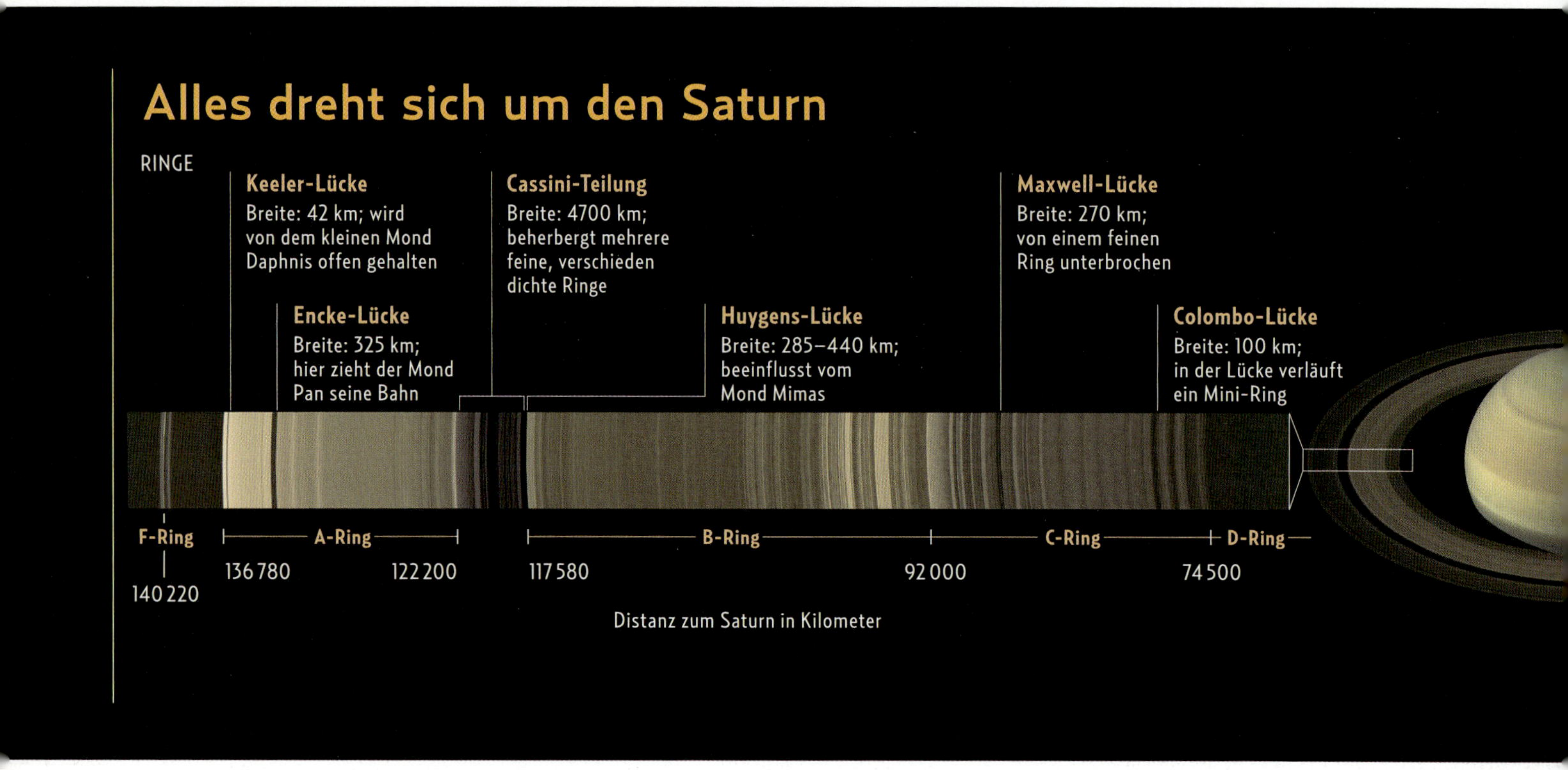

fen wir den größten Begleiter des Saturn. Rechter Hand passieren wir die in orangefarbenen Dunst gehüllte Kugel – den Mond Titan. Er ist ein Unikum: Mit einem Durchmesser von 5150 Kilometern übertrifft er sogar den Planeten Merkur. Als einziger Trabant in unserem Sonnensystem umgibt er sich mit einer dichten Atmosphäre. Sie besteht vor allem aus Stickstoff (wie die der Erde) und einem kleinen Teil Methan. Von Sauerstoff keine Spur.

Das wenige Sonnenlicht, das bis zum Titan gelangt, reicht aus, um chemische Reaktionen in der Gashülle auszulösen. Dabei entstehen größere organische Moleküle. Sie ballen sich zusammen und trüben die Atmosphäre. Deshalb sieht der Himmel finsterer aus als der über Beijing zur schlimmsten Smogzeit.

»Mit seiner **Atmosphäre** aus Stickstoff und Methan **gleicht der Titan** in den Augen vieler Fachleute der **Urerde**«

Wir sind jetzt so nahe am Titan wie möglich, aber mehr als dunkle Schemen erkennen Sie auf der Oberfläche leider nicht – der Dunst, verstehen Sie? Seit Cassini sein Radarinstrument auf den Trabanten richtete und die Huygens-Sonde, die auf Cassini huckepack mitgereist war, auf dem Saturnmond landete, wissen wir aber trotzdem, wie es unter dem Smogdeckel aussieht. Das Son-

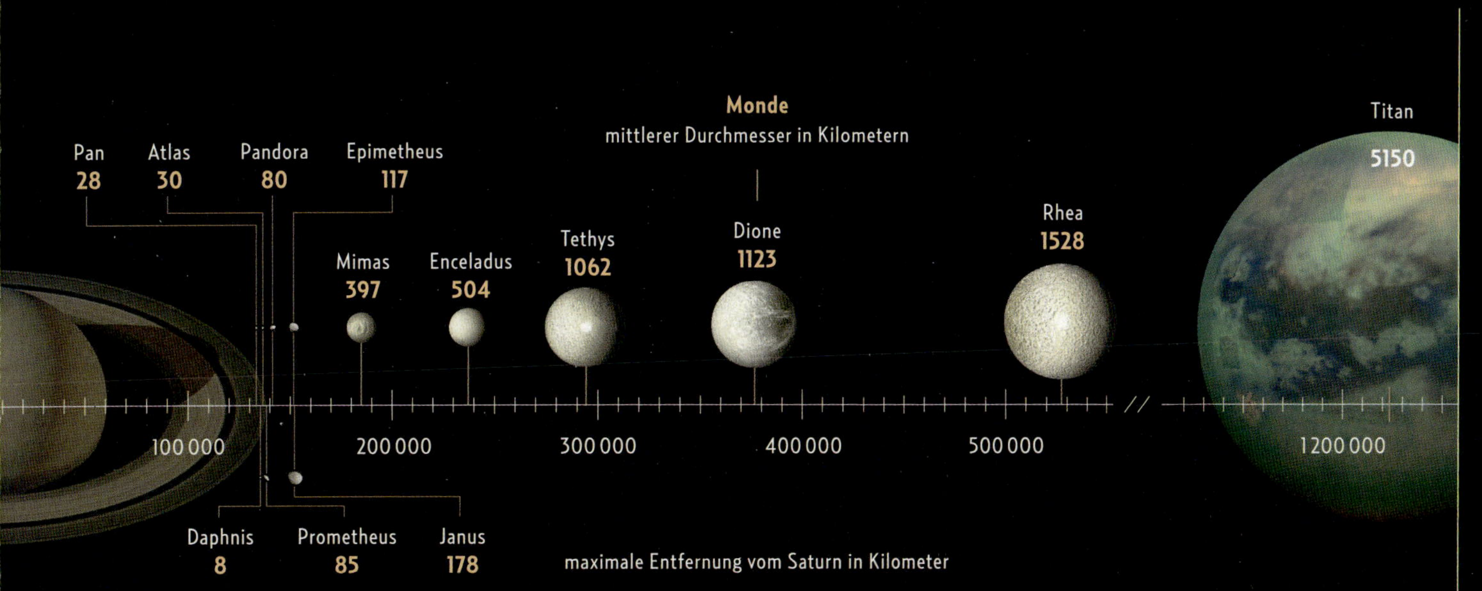

Das Spiel der Gravitation hat rund um den Gasriesen eine Vielfalt von Monden und Ringen hervorgebracht, an denen sich in einer Miniversion die Entstehung von Sonnensystemen studieren lässt

Grafik: Illuteam

den-Duo offenbarte eine verrückte Welt, die der Erde einerseits erstaunlich ähnlich, andererseits aber fundamental anders ist.

Könnten wir auf die Oberfläche des Titan blicken, sähen wir riesige Ebenen, ausgedehnte Dünenfelder und Hügellandschaften, Flusssysteme und gigantische Schwemmebenen. Wie auf der Erde. Damit sich all das so formen konnte, brauchte es vor allem: Wetter. „Wir haben auf Titan einen Flüssigkeitskreislauf wie auf der Erde", sagt Ralf Jaumann, Planetenforscher an der Freien Universität Berlin. „Es regnet. Die Flüssigkeit strömt von höheren in tiefere Lagen. Sie bewegt Material, lagert es ab. Sammelt sich in Niederungen. Verdampft wieder."

Das Verrückte: Der Stoff, der im Kreislauf des Titan zirkuliert, ist kein Wasser, sondern vor allem Methan, das bei minus 190 Grad Celsius und 1,5-fachem Erdatmosphärendruck flüssig wird. Das heißt: Es regnet einen Stoff, der den Hauptbestandteil von Erdgas ausmacht. Diese besondere Flüssigkeit strömt durch Täler und füllt Gewässer, so tief wie der Starnberger See.

Für Ralf Jaumann zeigt sich daran: „Gleich, welches Molekül man nimmt, bei optimaler Temperatur und optimalem Druck verhält es sich geologisch gesehen wie Wasser auf der Erde." Mit seiner Waschküchenatmosphäre aus Stickstoff, Methan und komplexeren organischen Substanzen gleicht der Titan in den Augen vieler Wissenschaftler der Urerde. In seiner Molekülmixtur hoffen sie Anhaltspunkte zu finden, wie das Leben auf unserem Planeten Fuß fasste und die Evolution begann.

Im Dezember 2010 entwickelte sich ein Monstersturm, der binnen Monaten um den gesamten Planeten herumlief

Das Zusammenspiel von Monden und Ringmaterial lässt in der gewaltigen Staubscheibe Lücken und dichtere Zonen entstehen

Schauen Sie jetzt nach vorn in Richtung Saturn. Es eröffnet sich ein grandioser Blick auf seine Ringe. Wie eine Schallplatte mit unzähligen feinen Rillen sehen sie aus, zwischen ihnen einige Lücken. Am auffälligsten ist die rund 4700 Kilometer weite Cassini-Teilung, die im Jahr 1675 der Astronom Giovanni Cassini erstmals erkannte. Sie trennt den A- vom B-Ring (die Ringe wurden beginnend mit A in der Reihenfolge ihrer Entdeckung benannt). Aus der Entfernung erscheint die Cassini-Teilung vollkommen leer, aus der Nähe besehen tummeln sich hier ebenfalls Partikel, allerdings deutlich weniger als in den Ringen nebenan.

Wir nähern uns jetzt einem Höhepunkt unserer Tour. Freuen Sie sich auf eine frostige Attraktion, sie kündigt sich bereits an durch einen Nebel aus Myriaden winziger Eiskörnchen. Sie bilden den E-Ring. Er ist diffuser als die scharf begrenzten inneren Ringe und hat gigantische Ausmaße: Von der Innen- bis zur Außenkante erstreckt er sich über Hunderttausende Kilometer. Je näher wir dem Planeten kommen, desto dichter wird der Nebel. Und nun steht er vor uns, der strahlend weiße Enceladus, die Perle unter den Monden. Der eisige Himmelskörper mit 504 Kilometer Durchmesser ist der strahlendste Trabant im Sonnensystem, mehr als neunzig Prozent des Sonnenlichts reflektiert er. Zum Vergleich: Der Erdmond wirft elf Prozent der Strahlung zurück.

Bitte achten Sie beim Vorbeiflug auf die Region rund um den Südpol. Dort stießen die Planetenforscher auf eine riesige Überraschung. Bei genauerem Hinsehen sind im Gegenlicht Eruptionsfahnen zu erkennen. Sie schießen Hunderte Kilometer ins All. Ursprünglich galt Enceladus bei der Cassini-Mission kein besonderes Augenmerk. Als die Sonde aber die mächtigen Jets aus Gasen und Eiskörnchen entdeckte, „drehte sich der Fokus komplett“, so erlebte es Frank Postberg. Der Forscher von der FU Berlin war Mitglied des Cassini-Teams. „Der kleine Eismond“, sagt er, „wurde zum Star der Mission.“

Was Wissenschaftler dank Cassini inzwischen über die exzentrische Natur des Trabanten enthüllt haben,

»Erst galt dem **Enceladus** kein Augenmerk. Dann wurde der

kleine Eismond

aufgrund der Eisfontänen, die er ausspeit, zum **Star** der Mission«

ließ sie noch mehr staunen: Die Eisfontänen haben ihren Ursprung in vier parallelen Spalten, 130 Kilometer lang, bis zu vier Kilometer breit. Sie sind 100 Grad wärmer als die minus 200 Grad Celsius kalten umgebenden Flächen. „Tigerstreifen“ tauften Forschende die Risse.

300 Kilogramm Gas und Eis jagen pro Sekunde aus den Tigerstreifen in den Himmel. Langsame Partikel rieseln als feiner, weißer Schnee auf die Oberfläche zurück. Schnelle Teilchen überwinden die Anziehungskraft des Trabanten, kommen frei und speisen den diffusen E-Ring. Schwer vorstellbar: das gesamte Material, aus dem die Tausende Milliarden Quadratkilometer große Eisscheibe besteht, hinausgepustet aus dem Herz des kleinen Mondes.

Aber was treibt all die Eisfontänen? Welche mysteriösen Vorgänge laufen unter dem Eispanzer ab? Mithilfe der Cassini-Instrumente vermaßen Wissenschaftler das Gravitationsfeld des Mondes, bestimmten seine Dichte, analysierten die Körnchen in den Eruptionsfahnen. Das Fazit des Planetologen Frank Postberg: „Jeder Test, den man gemacht hat, spricht für einen flüssigen Ozean unter der Eiskruste.“

E

Es kommt noch besser: Salze, Siliziumdioxid und komplexe organische Substanzen in den Eiskörnchen legen nahe, dass sich unter dem dicken weißen Panzer warme Quellen befinden, wie Tiefseeforschende sie vom Grund des Atlantiks kennen. Auf Enceladus strömt, so stellen sich das die Wissenschaftler derzeit vor, 90 bis 200 Grad Celsius heißes Wasser durch den porösen Gesteinskern, reagiert mit ihm und tritt in den Ozean aus (siehe Grafik Seite 127). Da die irdischen heißen Schlote als potenzieller Entstehungsort des Lebens auf der Erde gelten, waren die Forschenden elektrisiert. Die Befunde katapultierten Enceladus aus der Bezirks- in die Bundesliga jener Himmelskörper, die als habitabel gelten, als geeignet, Leben zu beherbergen. Und sie haben die Sicht auf die Stellung des Menschen im Universum verändert. „Wenn selbst an Orten wie dem eisigen Enceladus habitable Bedingungen herrschen“, sagt Postberg, „unterschätzen wir die Lebensfreundlichkeit des Weltalls bislang drastisch.“

Rund 160 000 Kilometer sind wir nun noch vom mächtigen Saturn entfernt. Am Horizont erkennen Sie einen feinen Streifen, gerade hundert Kilometer breit, so zart, dass Astronomen ihn erst 1979 auf Aufnahmen der Pioneer-11-Sonde entdeckten: den F-Ring. Wie alle Saturnringe besteht er vor allem aus Eispartikeln. An seiner Außenkante kreist ein pockennarbiger Mond namens Pandora, Durchmesser rund achtzig Kilometer. Auf der inneren Seite des Rings zieht der nur unwesentlich größere, längliche Prometheus seine Bahn: Wie

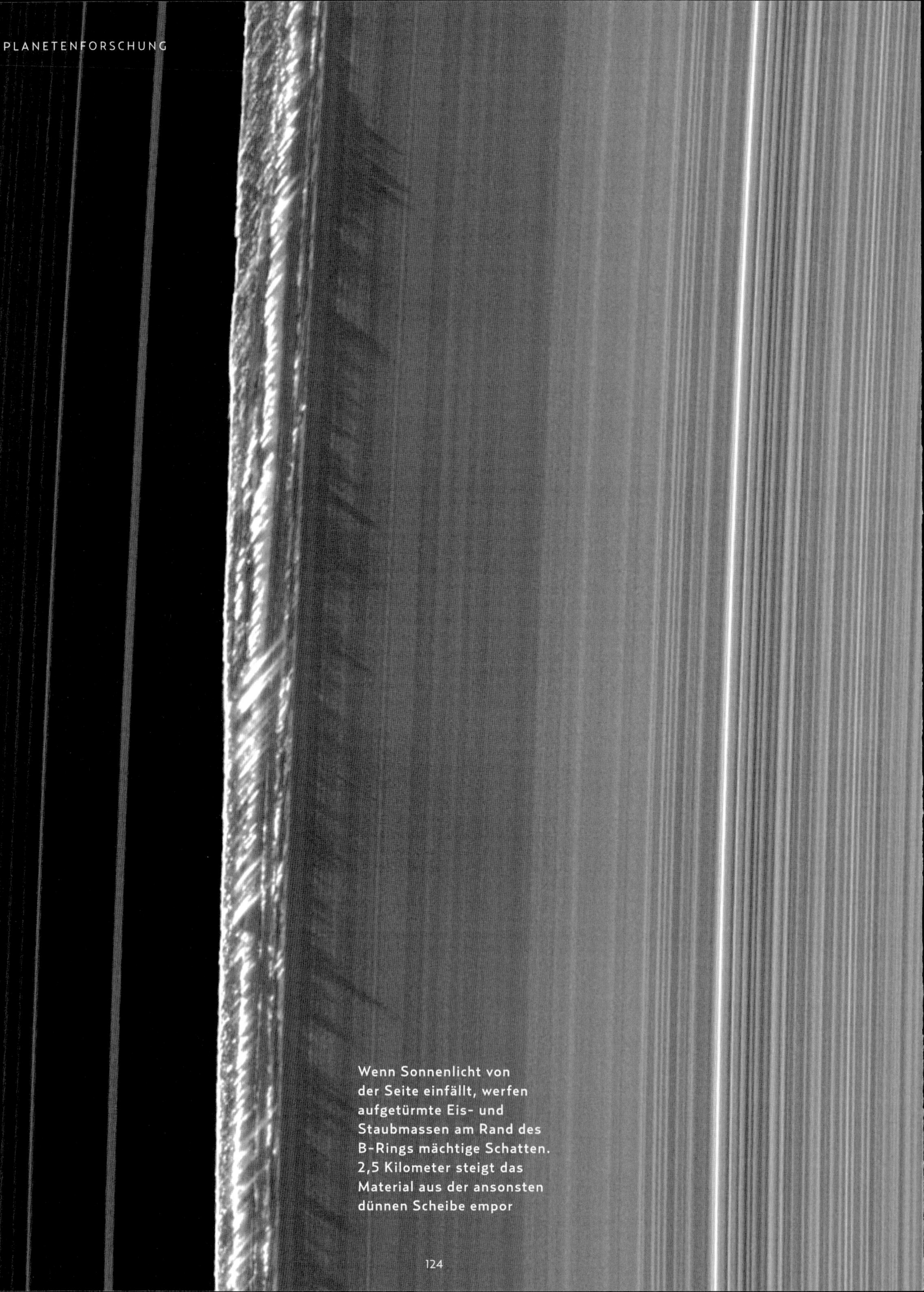

Wenn Sonnenlicht von der Seite einfällt, werfen aufgetürmte Eis- und Staubmassen am Rand des B-Rings mächtige Schatten. 2,5 Kilometer steigt das Material aus der ansonsten dünnen Scheibe empor

Schäfer halten die beiden Monde Myriaden „Eisschafe" zusammen, sorgen mit der Wirkung ihrer Schwerkraft dafür, dass die Ringteilchen nicht auseinanderlaufen.

Solche Schäfermonde sind ein Beispiel für die komplexe Dynamik der Saturnringe, die angetrieben wird vom wechselseitigen Spiel der Schwerkräfte, einerseits der Trabanten, andererseits der Gravitation der gleichfalls um den Saturn kreisenden Ringe. Beeindruckend ist, über welche gewaltigen Entfernungen das funktioniert. So ist der Mond Mimas verantwortlich für die 67 000 Kilometer entfernte Cassini-Teilung, die auffälligste Lücke der Scheibe.

Sie werden sich nun fragen, wie das gehen kann. Die Lösung lautet „Bahnresonanz": Mimas braucht für eine Runde um den Mutterplaneten 22 Stunden, ein Teilchen, das in die Cassini-Teilung geraten ist, umrundet den Saturn in elf Stunden. Jedes Mal, wenn der Mond eine bestimmte Stelle erreicht hat, befindet sich auch das Partikel wieder an dem entsprechenden Punkt seines Orbits. Und jedes Mal zerrt Mimas' Schwerkraft an dem Teilchen. Über die Monate und Jahre verstärken sich die Wechselwirkungen, das Partikel wird aus seiner Bahn gekickt. Das widerfährt allen Teilchen in dieser Spur, und eine Lücke öffnet sich.

Wie ein Schneepflug räumt der Mond Daphnis eine Schneise frei (ganz oben). Um kleinere Eisbrocken bilden sich Strukturen, die wie Propeller aussehen (unten)

Man kann sich das vorstellen wie auf dem Spielplatz: Töchterchen sitzt auf der Schaukel, Papa schubst sie an und läuft dann bis zum nächsten Schubser um die Schaukel herum. Richtig gut klappt das, wenn die Tochter zweimal hin- und herschwingt, während der Vater eine Runde dreht. Oder sie drei Doppelschwünge schafft, während Papa zwei Umläufe absolviert. Die „Orbits" müssen in einem ganzzahligen Verhältnis stehen (2:1 im ersten Fall, 3:2 im zweiten), dann bekommt das Mädchen immer passend Anschwung, dann tritt Resonanz auf, wie Physiker sagen. Im Fall von einem Partikel in der Cassini-Teilung und Mimas ist das Verhältnis 2:1.

N

Nun bitte festhalten! Wir kreuzen in Kürze die Äquatorialebene, jene Ebene, in der die Monde und der Schutt der Ringe unterwegs sind. Werden Sie Zeuge eines frappierenden Schauspiels: Je näher wir dieser Ebene kommen, desto schlanker erscheinen die Ringe. Exakt von der Seite betrachtet, sind sie kaum mehr erkennbar. Sie erstrecken sich zwar über eine gigantische Fläche, sind aber in weiten Teilen nur rund zehn Meter dick. Ein Größenverhältnis, das etwa einem Bogen Briefpapier von der Ausdehnung des Roten Meeres entspricht.

Wir werden versuchen, möglichst nah an die Ringe heranzufliegen. Schon rauscht unter uns Socks vorbei, Fluffy und Garfield sind wohl anderswo unterwegs. In dem Strom der Partikel – sie jagen mit Tausenden Stundenkilometern um den Saturn – formen sich immer wieder größere Klumpen, wachsen, lösen sich auf, entstehen erneut. Da die Brocken, in den Worten eines Forschers, „neun Leben haben wie Katzen", tauften Wissenschaftler einige nach ihren Haustieren. Im F-Ring sind besonders viele dieser Wandelobjekte unterwegs, es sind Abertausende.

Wie dynamisch die Staubgürtel sind, tritt auch im hellen A-Ring zutage. In einigen Bereichen stören dort Hunderttausende „Propeller" die Gleichförmigkeit – Strukturen, die aussehen wie Flugzeugmotoren mit zwei Rotorblättern und einer Nabe. Am äußeren Rand des A-Rings fliegen ungewöhnlich ausgedehnte, Tausende Kilometer lange Exemplare. Hinter den Propellern stecken jeweils Möndchen, die es noch nicht zu einem richtigen Trabanten geschafft haben. Sie wirbeln das Ringmaterial auf, haben aber nicht die Kraft, eine permanente Schneise freizuräumen.

Ein Stück weiter über den A-Ring entlang klafft eine 325 Kilometer breite Lücke – die Encke-Teilung. Sie ist mehr als nur einen Blick wert, wird sie doch durch ein „Raviolo" offen gehalten. Der circa 28 Kilometer durchmessende Mond Pan räumt auf seinem Orbit das Ringmaterial beiseite. Um seinen Bauch hat er dabei einen

Wulst aus Eiskörnern aufgesammelt und kommt jetzt daher wie kosmische Pasta.

Das Wechselspiel von Monden und Ringen, das Wachsen und Vergehen der Trabanten studieren Wissenschaftler aus einem tieferen Grund besonders intensiv. „Das Saturnsystem ist eine Art Laboratorium", sagt Linda Spilker. „In ihm können wir untersuchen, wie sich Planeten in einer Staubscheibe durch Aufsammeln von Material bilden. Eine einzigartige Gelegenheit."

Wir steigen nun steil aus der Ringebene auf. Der Saturn schwebt wie ein Koloss vor uns. Die nördliche Hemisphäre, die im Winter bläulich schimmert, leuchtet jetzt im Sommer rot-golden. Wir überfliegen das gigantische Sechseck am Nordpol, geformt von einem Wolkenstrom mit fast 30 000 Kilometer Durchmesser, in dessen Zentrum ein riesiger Wirbelsturm rotiert. Mal hellere, mal dunklere Wolkenbänder, wie wir sie vom Jupiter kennen, jagen um den Planeten.

Wir steuern nach Süden auf dem Weg zum „Großen Finale". So haben Forschende die letzten Orbits der Raumsonde Cassini im Jahr 2017 genannt. 3000 Kilometer über den mächtigen Wolkentürmen kreuzen wir durch die Lücke zwischen dem innersten D-Ring und dem Saturn. Ein Manöver, das Experten zunächst für eine Kamikazeaktion hielten. Sie befürchteten, in dem Zwischenraum schwirrten millimeter- oder zentimetergroße Partikel herum, die Cassini (unterwegs mit mehr als 100 000 Kilometern pro Stunde) bei einer Kollision zerstören würden.

Aber als die Sonde hindurchrauschte, am Ende ihrer Mission, erlebten die Wissenschaftler die letzte Riesenüberraschung: „Wir registrierten absolut nichts. Wir glaubten, die staubfreieste Region vor uns zu haben, die wir bislang gesehen hatten", erinnert sich Linda Spilker. Bei genauerer Analyse der Daten stellte sich heraus: Es gab doch Staub, aber die Teilchen waren so fein, nur Nanometer groß, ähnlich denen in Zigarettenrauch, dass sie nicht auf Anhieb aufgefallen waren. Die Zusammensetzung des Feinstaubs erstaunte die Forschenden: Er enthielt gut ein Drittel organische Substanzen und 24 Prozent Wasser. Dabei bestehen die Saturnringe zu 99 Prozent aus gefrorenem Wasser. Woher der Unterschied rührt, ist nach wie vor ein Rätsel.

E

EIN KÖRPER, DER die Lücke zwischen Saturn und seinen Ringen durchfliegt, spürt die Anziehungskraft beider gleichermaßen. Aus den auf die Cassini-Sonde einwirkenden widerstreitenden Kräften konnten Forschende die Masse der Ringe errechnen: fünfzehn Billiarden Tonnen oder, wie es Planetologen oft ausdrücken, vierzig Prozent der Masse des Mondes Mimas (etwa ein

»Die Sonde Cassini raste mit **100 000** Kilometer pro Stunde durch

die innerste Lücke.

Eine Kamikaze-Aktion, die glücklicherweise **gut** ausging«

Aus den Gräben am Südpol des Mondes Enceladus jagen Gas- und Eisfontänen, die organische Substanzen enthalten. Der Ozean unter dem Eispanzer gilt als potenzieller Ort für Leben

Enceladus

Unter einem mehrere Kilometer mächtigen Eispanzer umspannt ein Ozean den gesamten Mond. Die Energie, um das Wasser flüssig zu halten, stammt aus Gezeitenkräften. Die Gravitation des Saturn knetet den porösen Kern des Trabanten kräftig durch. Dadurch heizen sich das Gestein und das Wasser in seinen Poren auf. Chemische Reaktionen laufen ab, organische Moleküle entstehen, Minerale lösen sich **(1)**. Das heiße Wasser fließt zu beiden Polen und tritt dort in Hydrothermalquellen aus: 90, vielleicht gar 200 Grad Celsius heiß **(2)**. Am Südpol hat das warme Wasser die Eiskruste so weit geschmolzen, dass lange Risse entstanden sind. Durch sie jagen Gase und Eiskörnchen, beladen mit organischen Substanzen, in den Weltraum **(3)**.

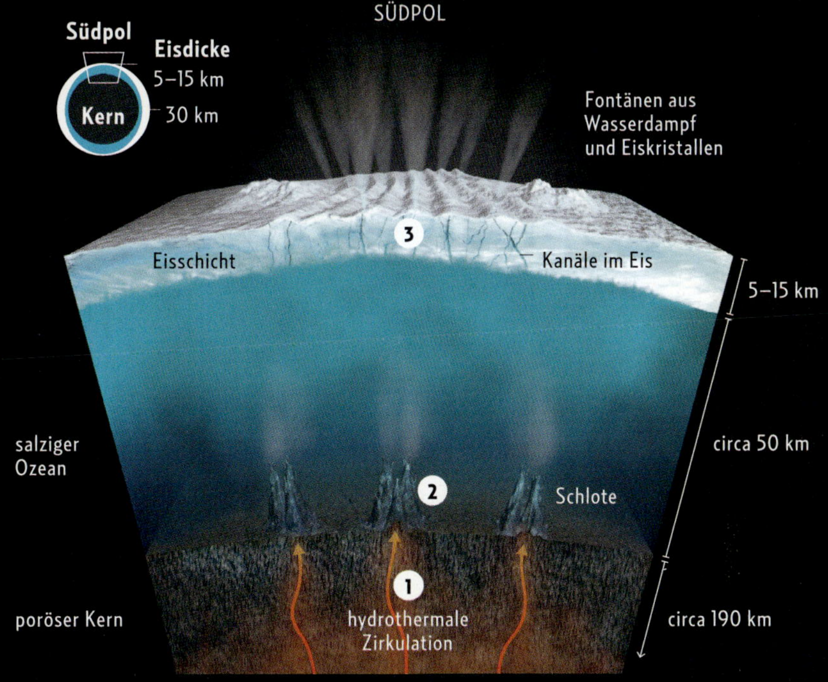

Fünftausendstel des Erdmonds). Was zeigt, dass nicht viel Material nötig ist, um spektakuläre kosmische Strukturen zu formen.

Die Masse liefert Ansätze zur Lösung des klassischen Rätsels rund um den Saturn: Wann sind die Ringe entstanden? Sind sie so alt wie der Mutterplanet, also 4,5 Milliarden Jahre, und somit Relikte jener Staubscheibe, aus der sich der Gasgigant gebildet hat? Sind sie jünger, entstanden, als ein Meteorit mit einem Saturnmond kollidierte? Oder waren sie ursprünglich ein Mond, der dem Planeten zu nahe kam und durch dessen Schwerkraft zerrissen wurde? Der Rückschluss von der Masse aufs Alter ist möglich, weil ein Ringsystem eine typische Evolution durchläuft. Es verhält sich wie ein Kringel aus Duschgel, den man auf eine Fliese setzt: Es zerfließt. Wie schnell das geschieht, hängt von der Masse ab. Daher lässt sich bei Kenntnis von Masse und Ausdehnung die Entstehungszeit ermitteln.

Für die Ringe des Saturn folgert eine Gruppe von Wissenschaftlern, dass sie rund hundert Millionen Jahre alt sind. „Erstaunlich jung im Vergleich zu 4,5 Milliarden Jahren, die der Saturn alt ist", sagt Frank Postberg von der FU Berlin. Die Anhänger dieser These führen ein weiteres Argument an: Die Ringe sind zu sauber. Denn wie Ruß, der sich auf frische Schneefelder legt, verschmutzen aus den Tiefen des Alls kommende Mikrometeorite die Eisringe. Und wären die Ringe mehrere Milliarden Jahre alt, müssten sie viel dreckiger sein.

Skeptiker sehen diese Begründung nicht als zwingend an. Es könnte ja bislang unbekannte Reinigungsmechanismen geben, wenden sie ein. Und wer wisse schon, ob der Strom von Mikrometeoriten immer so groß war wie derzeit. Gegen den jungen Ursprung des Ringsystems sprechen auch die Krater auf Enceladus: Deren Zahl deutet darauf hin, dass der Mond vier Milliarden Jahre alt ist. Stimmt die Annahme, dass Enceladus sich aus Ringmaterial zusammengeballt hat, müssen die Ringe mindestens genauso alt sein. Es gebe gute Argumente in beide Richtungen, sagt Postberg. Für ihn ist klar: „Das Thema ist noch nicht erledigt."

Und wie steht es um die Zukunft der Ringe? Aus Cassini-Daten der letzten Orbits rechneten die Forschenden hoch, was aus den Staubgürteln auf den Saturn niederregnet: zwischen 4800 und 45 000 Kilogramm Teilchen pro Sekunde. Mit einem auf Hawaii stehenden Teleskop entdeckten Astronomen, dass die Ringe pro Sekunde obendrein Hunderte Kilogramm Wasser verlieren. So viel, dass sie in hundert Millionen Jahren verschwunden sein könnten. Welch Glück, dass wir ausgerechnet in der Ära leben, in der diese wunderschöne Struktur existiert. Genießen Sie noch einmal den Blick auf diese kosmische Ikone, machen Sie ein paar Fotos. So schnell werden Sie dem Saturn nicht mehr so nahe kommen.

Der Chronist des Himmels

SCHARFSINNIGER SPÄHER
Das Weltraumteleskop vermisst Position und Bewegung der Sterne. Auch zerlegt es deren Licht in Spektralfarben: Sie offenbaren, wie alt eine Sonne ist

GAIA

Das Weltraumteleskop Gaia hat fast zwei Milliarden Sterne in der Milchstraße vermessen. Die Daten liefern spektakuläre Einsichten in die Evolution unserer Heimatgalaxis

Text: **Karl Urban**

Vor etwa elf Milliarden Jahren bekam die junge Milchstraße Besuch. Aus den Tiefen des Alls näherte sich ihr eine Zwerggalaxie, die nur ein Viertel so groß war wie sie selbst. Der Zwerg geriet in einen Sog: Zuerst wurde der Besucher von der gewaltigen Schwerkraft der größeren Galaxie verformt, dann zog die Milchstraße einen Faden aus der Zwerggalaxie, einen Faden aus Sternen, und räufelte die Zwerggalaxie wie einen alten Strickpullover auf. Die Milchstraße zwang Stern für Stern in die Reihe ihrer eigenen Sonnen. Wieder hatte das kosmische Recht des Stärkeren gesiegt, das beim galaktischen Kannibalismus gilt: Die Anziehungskraft der massereicheren Galaxie setzt sich durch.

Dass wir heute von diesem Ereignis wissen, ist nicht selbstverständlich. Die Milchstraße war damals jung, unsere Sonne längst nicht entstanden. Doch neuerdings lassen sich Spuren solcher prähistorischen Zusammenstöße auffinden. Die Geschichte der Milchstraße wird zum ersten Mal erfahrbar, und das dank einer einzelnen Mission: Es ist dies das Verdienst des Weltraumteleskops Gaia der Europäischen Weltraumorganisation Esa.

Gaia ist ein kosmischer Buchhalter: Jeder Lichtpunkt am Himmel, der hell genug ist, wird von ihm erfasst, als Datenpunkt zur Erde übertragen und in einem gewaltigen Katalog gespeichert. Seit Flugbeginn 2013 wurden drei Versionen dieses Katalogs veröffentlicht. Die neueste Fassung erschien im Juni 2022 und umfasst mehr als 1,8 Milliarden Objekte, auch Asteroiden und ferne Galaxien.

Vor allem aber sind es die Sterne der Milchstraße, deren Position und Bewegung Gaia protokolliert. Die Stärke des Weltraumteleskops liegt in der Auflösung: Einige Lichtpunkte können noch derart exakt verortet werden wie eine Euromünze auf dem Mond, die man von der Erde aus anvisierte.

Zusätzlich zerlegt Gaia das Licht vieler ferner Sonnen in seine spektralen Bestandteile, was Rückschlüsse auf die chemische Zusammensetzung der Sterne und

FARBENLEHRE
Aus den Unmengen von Daten, die Gaia liefert, haben Forschende vielfältige Informationen extrahiert: In der Himmelskarte oben links sind die Wege von 40 000 Sternen in den nächsten 400 000 Jahren am Firmament eingezeichnet. Die Abbildung oben rechts zeigt, wo sich interstellarer Staub häuft. In den beiden unteren Grafiken ist links der Metallgehalt von Sternen dargestellt und rechts die Bewegung von Sternen relativ zur Erde: Dunkle Regionen kommen auf uns zu, helle entfernen sich von uns

damit ihr Alter zulässt. So entsteht ein immer klarerer Blick ins Uhrwerk unserer Heimatgalaxie.

Das Mysterium

Woraus die Milchstraße bestehe, blieb lange Zeit ein Rätsel. In der Antike wies Aristoteles die Idee zurück, das weiße Band am Nachthimmel bestehe aus Sternen. Er glaubte, sie sei ein Phänomen an der Grenze der Erdatmosphäre. Arabische Astronomen vermuteten dagegen schon im Mittelalter, dass der Glanz am Himmel von eng beieinanderstehenden Sternen, winzigen Lichtpunkten, hervorgerufen werde. Mit dem Teleskop konnte Galileo Galilei schließlich die gewaltige Sterneninsel tatsächlich in einzelne Sonnen auflösen.

Heute wissen wir, dass die Milchstraße einen Durchmesser von etwa 150 000 Lichtjahren hat und über 100 Milliarden Sterne umfasst. Fast alle leuchtenden Punkte am Nachthimmel gehören zur Milchstraße, abgesehen von einzelnen Galaxien wie dem Andromedanebel. Doch war es vor dem Start des Gaia-Teleskops schwierig, all diese Sterne auseinanderzuhalten. Auch, weil Erde und Sonne selbst Teil der Milchstraße sind, rund 25 000 Lichtjahre vom Zentrum der Galaxie entfernt, mutmaßlich als Teil eines gewaltigen Spiralarms. Wie soll man aus dieser Position ein Bild vom großen Ganzen gewinnen?

Z***umindest die Entfernung*** einzelner Fixsterne konnte ab dem 19. Jahrhundert bestimmt werden, mit einer Methode, die mittlerweile auch bei Gaia zum Einsatz kommt: Wenn die Erde auf ihrer Bahn um die Sonne ihre Perspektive auf die Sterne verändert, scheinen diese Ellipsen zu durchlaufen. Es entsteht der Eindruck, sie wackelten im Laufe eines Jahres hin und her. Fachleute sprechen von einer Parallaxe.

Die Bewegungen sind winzig und deshalb nur mit großem Aufwand zu erkennen. Bis 1993 gelang es bereits, mit dem Esa-Satelliten Hipparcos über das Parallaxen-Messprinzip deutlich mehr Lichtpunkte zu untersuchen. Er vermaß mehr als 100 000 Sterne, immerhin ein Anfang. Die Arbeit an Hipparcos hat erst den Weg zu seinem Nachfolger Gaia geebnet.

Die inzwischen dritte Fassung des Sternenkatalogs lässt Astronomen und Astronominnen zunehmend besser verstehen, wie die Milchstraße aufgebaut ist. Anders als häufig dargestellt, ist sie keine reine Spiralgalaxie: Sie besteht zwar aus mindestens vier Spiralarmen, aber die Daten von Gaia zeigen, dass zwischen uns und dem galaktischen Zentrum ein gewaltiger Balken aus Sternen steht, der wie ein Scharnier mehrere der Arme verbindet.

All diese Strukturen scheinen recht stabil zu sein, während sich Massen von Sternen durch sie hindurchbewegen und das Zentrum der Milchstraße umkreisen; wie beim zähen Verkehr auf der Autobahn, wo ein Stau am gleichen Ort bleibt, während einzelne Autos dennoch vorankommen.

Wo sind die Zwerggalaxien?

Als Gaia die Bewegung vieler Sterne vermaß, fiel auf: Die spektralen Eigenschaften und Orbits einzelner Himmelskörper ähneln einander auffällig. So etwa bei den Resten der Kollision mit der Zwerggalaxie vor etwa elf Milliarden Jahren, die in der Astronomie „Gaia Sausage" heißen: eine Wurst, die sich lang gestreckt durch die Milchstraße zieht.

Eigentlich sollten auch noch kleine intakte Sterneninseln unsere Heimatgalaxie begleiten. Das hatten Forschende aus sechs Ländern 2005 aus Simulationen in einem Superrechner geschlossen: Sie ließen die Materie von zehn Trillionen Sonnen auf einem Raum wechselwirken, der einem Würfel mit der Kantenlänge von zwei Milliarden Lichtjahren entsprach.

Mit der Aufgabe war der Superrechner vier Wochen lang beschäftigt. Das Ergebnis lieferte eine überzeugende Reproduktion des Universums aus Sternen, die sich nach dem Urknall durch gegenseitige Anziehung zu Galaxien zusammenballten. Doch die Modellgalaxien waren allesamt von vielen kleineren Begleitern umgeben, von Zwerggalaxien. Vor dem Start von Gaia kannte man gerade einmal knapp 20 solcher Anhängsel der Milchstraße. Die zwei prominentesten sind die Große und die Kleine Magellansche Wolke, die den Südhimmel zieren.

Wo die restlichen Begleiter der Milchstraße steckten, blieb nach der Millenniumsimulation zunächst rätselhaft. Mit Gaia indes konnten Astronominnen und Astronomen diese Frage klären: Einerseits entdeckten sie bereits einige Dutzend unscheinbare, aber weitgehend intakte Zwerggalaxien, die bisher im dicht von Sternen bevölkerten Band der Milchstraße schlicht nicht aufgefallen waren. Andererseits ist die Gaia Sausage, also der Strom der vor langer Zeit einverleibten Zwerggalaxie, bei Weitem nicht das einzige Kollisionsrelikt. Es gibt Anzeichen für Dutzende solcher Sternansammlungen, die jede für sich eine Vergangenheit außerhalb der Milchstraße gehabt haben dürften.

> Von der Kollision mit einer Zwerggalaxie kündet heute noch eine
> **Sternenwurst.**
> In der Geschichte der Milchstraße gab es viele solcher Zusammenstöße

Eine dieser galaktischen Karambolagen hatte für uns vielleicht sogar existenzielle Folgen: Vor ungefähr fünf Milliarden Jahren durchquerte eine Zwerggalaxie namens Sagittarius die Milchstraße; es war einer von mehreren Zusammenstößen. Die Sterne beider Galaxien passierten einander dabei wahrscheinlich berührungslos, denn verglichen mit deren Größe ist der Raum zwischen ihnen gewaltig.

Doch mit ihrer größeren Gravitationskraft raubte die Milchstraße dem Galaxienzwerg frei schwebendes Gas und Staub, Baumaterial für neue Sonnen und Planeten, und erlebte danach eine Zeit intensiver Sternentstehung. Laut einer Studie von Tomás Ruiz-Lara vom Institut für Astrophysik auf Teneriffa dürfte ein großer Teil aller heutigen Sterne der Milchstraße damals geboren worden sein. Ausgerechnet in dieser Phase entzündete sich auch das Feuer unserer Sonne, der Garantin für das Leben auf unserem Planeten.

Der Gaia-Katalog hat mittlerweile ein Forschungsfeld namens galaktische Archäologie eröffnet, das schon für einige Überraschungen gesorgt hat: Ein Team um Maosheng Xiang und Hans-Walter Rix vom Max-Planck-Institut für Astronomie in Heidelberg wies zum Beispiel nach, dass ein Bereich der Scheibenebene der Milchstraße rund zwei Milliarden Jahre früher entstanden ist als zuvor gedacht. Unsere Heimatgalaxis ist also ein wahrer Methusalem des Universums, der schon etwa 800 Millionen Jahre nach dem Urknall existiert haben muss.

Ein Blick in die Zukunft

Bis 2025 soll der Treibstoff für die Messkampagne des Satelliten mindestens noch reichen. Die Forschenden wollen im Abstand weniger Jahre neue Kataloge herausgeben, die immer mehr Details über unsere nähere und fernere Nachbarschaft liefern werden.

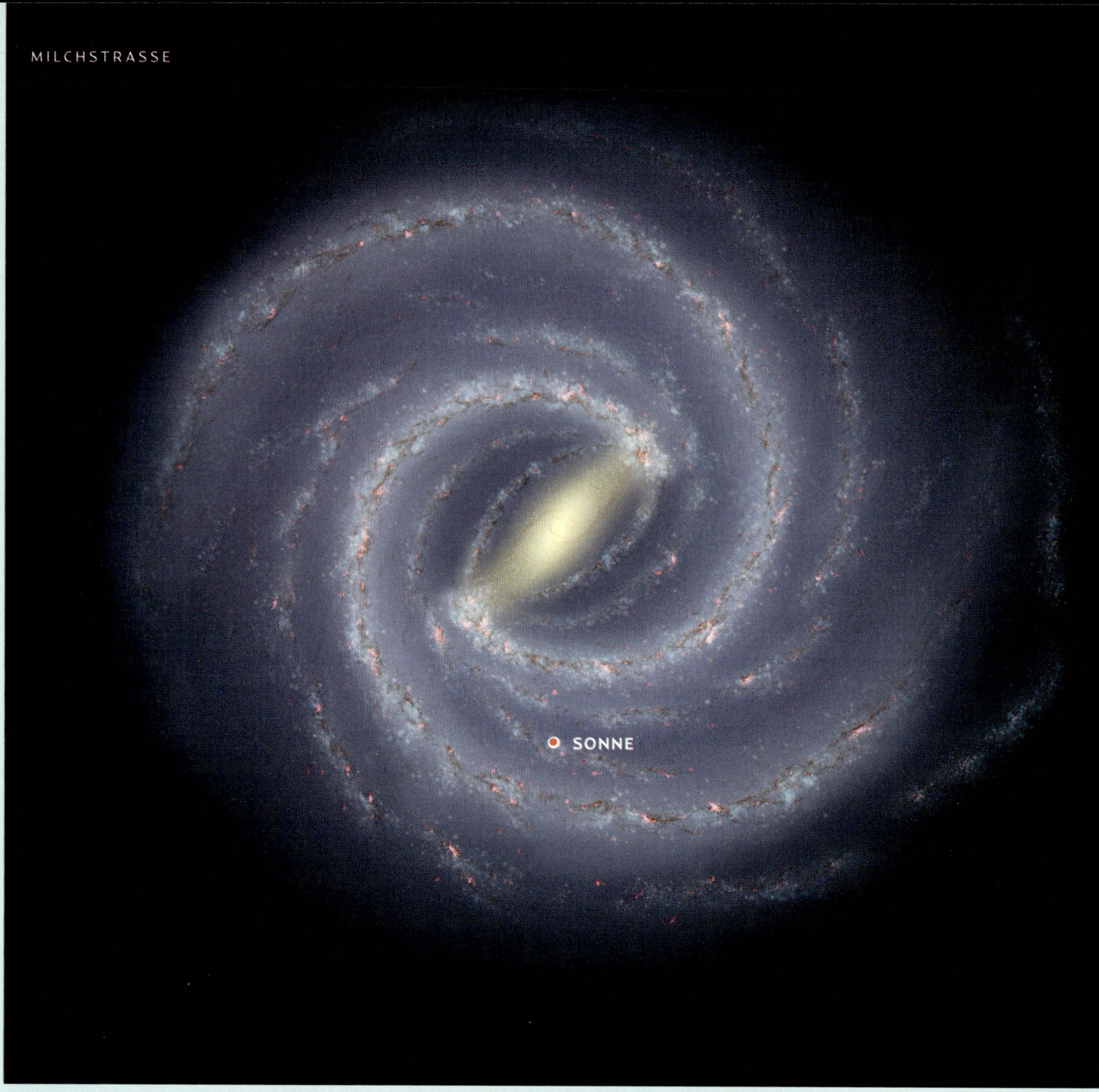

FUNKELNDER WIRBEL
Etwa 250 Billiarden Kilometer vom Zentrum der Milchstraße (hier eine Illustration) entfernt zieht unsere Sonne ihre Bahn. Um die Galaxienmitte einmal zu umrunden, braucht sie etwa 240 Millionen Jahre

Indem die nun bekannten Bahnen vieler Sterne oder von Zwerggalaxien um das galaktische Zentrum fortgeschrieben werden, lässt sich auch in die Zukunft blicken. Und etwa das Schicksal der beiden Magellanschen Wolken voraussehen: Obwohl sie erst vor astronomisch kurzer Zeit in ihre Umgebung gedriftet sind, entzieht die Milchstraße ihnen bereits Wasserstoffgas. Doch ihre elliptischen Umlaufbahnen führen sie in den nächsten Jahrmillionen erst einmal wieder weiter weg, bevor sie zurückkehren und irgendwann mit unserer Heimatgalaxie verschmelzen.

Gaias scharfe Teleskopaugen verfolgen allerdings auch unseren nächstgrößten Nachbarn: die Andromedagalaxie. Sie ist mindestens ebenso weit ausgedehnt wie die Milchstraße, deren Masse aber neuesten Messungen zufolge etwas schwerer ist als gedacht. Die Andromedagalaxie wird in etwa 4,5 Milliarden Jahren auf unsere Galaxis treffen, ihr Gefüge stark stören und sich in einem langen Tanz mit der Milchstraße zu einer neuen riesenhaften Galaxie vereinigen. Dabei werden etliche Sterne hinaus in den intergalaktischen Raum geschleudert werden.

Das muss uns aber keine Sorge bereiten: Die Sonne wird sich zu diesem Zeitpunkt wohl schon zu einem Roten Riesenstern aufblähen, und das Leben von der Erde wird verschwunden sein.

IMPRESSUM

GRUNER + JAHR DEUTSCHLAND GMBH, AM BAUMWALL 11, 20459 HAMBURG

POSTANSCHRIFT DER REDAKTION: BRIEFFACH 24, 20444 HAMBURG.
TELEFON: 0049/40/37 03 20 84, E-MAIL: BRIEFE@GEOKOMPAKT.DE
INTERNET: WWW.GEOKOMPAKT.DE

CHEFREDAKTION: Jens Schröder, Markus Wolff
REDAKTIONSLEITUNG: Meike Kirsch (Reise), Christiane Löll, Jürgen Schaefer (Wissen), Katharina Schmitz (Natur und Nachhaltigkeit), Joachim Telgenbüscher (Geschichte)
VISUAL DIRECTION: Andreas Pufal
INNOLAB: Margitta Schulze Lohoff
STELLV. VISUAL DIRECTION (FOTOGRAFIE): Lars Lindemann
MANAGING DESIGNER: Sharare Amirhassani (GEO Saison), Arne Kluge (P.M.), Torsten Laaker (GEO Wissen, GEOkompakt), Tatjana Lorenz (GEO Epoche), Daniel Müller-Grote (GEO)
TEXTLEITUNG: Stephan Draf, Birte Lindlahr, Katharina Priebe
GESCHÄFTSFÜHRENDE REDAKTEURIN: Maike Köhler
LTG. DIGITALE MAGAZINE/SONDERPRODUKTE: Rainer Droste
TEXTREDAKTION: Jörg-Uwe Albig, Jörn Auf dem Kampe, Klaus Bachmann, Anne Baum, Jens-Rainer Berg, Kirsten Bertrand, Insa Bethke, Tilman Botzenhardt, Ina Brzoska, Nils Erich, Björn Erichsen, Dr. Anja Fries, Marlene Göring-Kruse, Gesa Gottschalk, Rainer Harf, Lara Hartung, Gunnar Herbst, Maria Kirady, Diana Laarz, Fred Langer, Barbara Lich, Dr. Mathias Mesenhöller, Dr. Theresa Palm, Ines Possemeyer, Samuel Rieth, Nora Saager, Martin Scheufens, Katja Senjor, Iona Marie Schlußmeier, Claus Peter Simon, Johannes Teschner, Bertram Weiß, Sebastian Witte
ABENTEUER & EXPEDITIONEN: Lars Abromeit
REDAKTEUR FÜR BESONDERE AUFGABEN: Siebo Heinken
BILDREDAKTION: Camilla Ackermann, Julia Franz, Mareile Fritzsche, Christian Gargerle, Christian Gogolin, Anja Jöckel, David Kern, Frauke Körting, Chantal Alexandra Pilsl, Carla Rosorius, Trixi Rossi, Simone Thürnau, Katrin Trautner, Carina Weirauch
GRAFIK: Dennis Gusko, Michèle Hofmann, Helma Janssen, Anja Klingebiel, Jan Krummrey, Eva Mitschke, Christina Schäfer, Christina Stahlke, Frank Strauß, Nele Wiewelhove
KARTOGRAFIE: Stefanie Peters
CHEF VOM DIENST/KOORDINATION: Ralf Schulte
QUALITY BOARD – VERIFIKATION, RECHERCHE, SCHLUSSREDAKTION:
Leitung: Tobias Hamelmann, Norbert Höfler. Stellvertreterin: Melanie Moenig
Sven Barske, Elke von Berkholz, Lenka Brandt, Susanne Elsner, Regina Franke, Hildegard Frilling, Petra Frost, Thomas Gebauer, Ricarda Gerhardt, Dr. Götz Froeschke, Susanne Gilges, Cornelia Haller, Ursula Hien, Dagny Hildebrandt, Sandra Kathöfer, Judith Ketelsen, Petra Kirchner, Dirk Krömer, Jeanette Langer, Mai Laubis, Michael Lehmann-Morgenthal, Dirk Liedtke, Kirsten Maack, Jörg Melander, Andreas Mönnich, Susan Molkenbuhr, Alice Passfeld, Christian Schwan, Andreas Sedlmair, Stefan Sedlmair, Olaf Stefanus, Michael Svetchine, Bettina Süssemilch, Torsten Terraschke, Antje Wischow, Andrea Wolf
ASSISTENZ DER CHEFREDAKTION/REDAKTIONSASSISTENZ: Ümmük Arslan, Judith Swiderek, Silvia Wieking
HONORARE/SPESEN: Heidi Hensel, Daniela Klitz, Katrin Schäfer, Carola Scholze, Katrin Ullerich, Andrea Gora-Zysno
GEO.DE: Leitung: Julia Großmann
Redaktion: Peter Carstens, Jaane Christensen (Bildredaktion), Solvejg Hoffmann, Malte Joost, Jennifer Köllen
GEO PLUS: Leitung: Julia Großmann.
Redaktion: Dr. Stefanie Maeck, Manuel Opitz, Matthias Thome, Franziska Türk
VERANTWORTLICH FÜR DEN REDAKTIONELLEN INHALT: Jens Schröder, Markus Wolff
VICE PRESIDENTS NEWS, WIRTSCHAFT & WISSEN (PRINT/DIGITAL):
Julian Kösters, Bianca Wannemacher
PUBLISHING MANAGEMENT: Patricia Hildebrand, Svenja Urbach, Eva Zaher
SALES DIRECTION: Franziska Bauske, Betsy Edakkamannil, Maren Falke, DPV Deutscher Pressevertrieb
MARKETING DIRECTION: Stefan Bromberg
PRESSE- UND ÖFFENTLICHKEITSARBEIT: Xenia El Mourabit
LIZENZEN: BRANDS Licensing by G+J: Siegel und Sonderdrucke, Koordination: Petra Martens, Anfragen: Tom Holste, E-Mail: holste.tom@guj.de
VERANTWORTLICH FÜR DEN ANZEIGENTEIL: Petra Küsel, Director Brand Print + Crossmedia, Ad Alliance GmbH, Am Baumwall 11, 20459 Hamburg.
Es gilt die jeweils aktuelle Preisliste unter www.ad-alliance.de
HERSTELLUNG: G+J Herstellung, Heiko Belitz (Ltg.), Oliver Fehling
Druckvorstufe: Mohn Media Mohndruck GmbH, Gütersloh
Druck: appl druck GmbH, Wemding
GEOkompakt wird auf chlorfrei gebleichtem Papier gedruckt.
Die Papierfasern stammen aus nachhaltiger Waldbewirtschaftung.
Die Nachhaltigkeit ist nach ISO 14001 zertifiziert.

Bankverbindung: Deutsche Bank AG Hamburg,
IBAN: DE30 2007 0000 0032 2800 00, BIC: DEUTDEHH
ISSN: 0933-9736

USA: GEO kompakt (German) (USPS no 00011476) is published by Gruner+Jahr Deutschland GmbH. Known Office of Publication: Data Media (A division of Cover-All Computer Services Corp.), 2221 Kenmore Avenue, Suite 106, Buffalo, NY 14207-1306. Periodicals postage is paid at Buffalo, NY 14205. Postmaster: Send address changes to GEO (German), Data Media, P.O. Box 155, Buffalo. NY 14205-0155, E-Mail: service@roltek.com, Toll free: 1-877-776-5835
Kanada: Sunrise News, 47 Silver Shadow Path, Toronto, ON, M9C 4Y2, Tel. + 1 647-219-5205, E-Mail: sunriseorders@bell.net

GEO-LESERSERVICE

ABONNEMENT- UND EINZELHEFTBESTELLUNG
ONLINE-KUNDENSERVICE: www.geo.de/kundenservice
POSTANSCHRIFT: GEOkompakt-Kundenservice, 20080 Hamburg, Tel.: 0049/40/55 55 89 90
SERVICE-ZEITEN: Mo–Fr 7.30–20 Uhr, Sa 9–14 Uhr

PREIS JAHRESABONNEMENT:
44,00 € (D), 50,00 € (A), 74,40 sfr (CH);
Preise für weitere Länder auf Anfrage erhältlich.

BESTELLADRESSE FÜR GEO-BÜCHER, GEO-KALENDER, SCHUBER ETC.:
GEO-Versand-Service, 74569 Blaufelden
Tel.: 0049/40/422 36 427

BILDNACHWEIS

Anordnung im Layout: l. = links, r. = rechts, o. = oben, m. = Mitte, u. = unten

TITEL *D. Ducros/Esa: 1*

EDITORIAL *Andreas Pufal: 3*

INHALT *Josep/STScI/CSA/Esa/Nasa: 4 o.l., Nasa: 4 o.r., Nasa/Andy Saunders/Apollo Remastered: 4 m.l., Florian Voggeneder: 4 m.r., EVA MARIE UZCATEGUI/AFP/Getty Images: 4 u.l., Esa/Nasa (Montage: Tim Wehrmann): 4 u.r., hgm-press: 5 o.l., Pierre Carril / Esa: 5 o.r., Space Science Institute/JPL-Caltech/Nasa: 5 m.r., David Ducros/ Esa: 5 u.r.;Illustration: Illuteam 43: 4 m.*

WENDEPUNKTE *Bill Ingalls/Nasa: 6/7, Nasa: 8/9, 16-19, Nasa/Andy Saunders/Apollo Remastered 10/11 (5), SpaceX/Alamy/Alamy Stock Photos/mauritius images: 12/13, Bridgeman Images: 14, Sovfoto/Universal Images Group/360° Editorial/DDP images: 15 (2), Bruce Weaver/AP Photo/DPA picture alliance: 20/21, MSSS/ JPL Caltech/Nasa: 22/23, Spencer Lowell / Trunk Archive: 24/25 (3)*

NEUER WETTLAUF ZUM MOND *UPI Photo/ IMAGO: 26/27, Nasa: 28 u.l.,CNSA Xinhua/eyevine/ddp images: 28 u.r., Kyodo/dpa picture alliance 29 m.l., Ferrari Press/ispace/ ddp images: 29 u.l., Xinhua/eyevine/ddp images: 29 o.r., ISRO: 29 m.r., Hamad Al Kaabi / Ministry of Presidential Affairs: 30/31, Xinhua/action press: 32 o.l., CNSA Xinhua / eyevine / eyevine / laif: 32 u.l.*

REISEZIEL MOND *Illustration: Illuteam 43: 34/35*

KOLLISION *HGM-Press: 36/37, MSSS /JPL-Caltech/Nasa: 38, Nasa: 40 o.l., Science Photo Library: 40 o.r., Chris Howes/Wild Places Photography/Alamy Stock Photo: 40 m.r., Lynette Cook/SOFIA/Nasa: 42; Illustration: Axel Kock: 39*

ARTEMIS *EVA MARIE UZCATEGUI/AFP/Getty Images: 45, D. Ducros/Esa: 46, Space X/Nasa: 48/49, Alberto Bertolin/Nasa: 50/51*

SCHWINDEL *Alamy Stock Photos/Alamy/ The History Collection/mauritius images: 52/53*

INTERVIEW GERST *Alexander Gerst/Esa/Nasa: 54/55, 57 Mattia Balsamini: 56, Nasa: 58, Esa/Nasa: 59, Esa: 60/61, S. Corvaja/Esa: 62, Peter Probst/ Süddeutsche Zeitung Photo: 63*

WELTRAUMSTATION *Illustration: Illuteam 43: 64/65*

LEBENSERHALTUNG *Nasa: 68/69, SINCLAIR STAMMERS/Science Photo Library 70/71, 72/73, 74/75, Nasa: 70, 71, IRS Stuttgart: 72 o., Nasa: 72 u., DLR: 73, Alfred-Wegener-Institut / Esther Horvath: 74 o., Hanno Müller/Alfred-Wegener-Institut: 74 u., Esa: 75 o.; Illustration: The Noun project/un-delivered/Arne Kluge 75 u.*

GENERATION ZUKUNFT *Esa/Nasa (Montage: Tim Wehrmann): 76-81, 84/85, Esa/SpaceX/Nasa (Montage: Tim Wehrmann): 82/83*

SCHÄTZE IM STAUB *Pierre Carril/Esa: 86/87, 90 Nasa: 88/89, ATG-Medialab/Esa: 91, ICON: 92*

KLIMASATELLITEN *EyeEm/Getty Images: 94/95, P. Carril/Esa: 94 o.l., Airbus Defence and Space: 94 u.l, Esa: 95, 96 (4), Nasa 97 (2*

MEDIZIN *Ganse/Nasa: 98/99, DLR: 100, Nasa: 101, Nasa/Action Press: 103*

ANALOGMISSION *Florian Voggeneder: 104–113*

ILLUSTRATION MARS *Illustration: Illuteam 43: 114/115*

SATURN *Space Science Institute/JPL-Caltech/Nasa: 116-119, 121 u., 122-124 (4), 126; Illustration: Illuteam 43: 120–121 o., 127*

GAIA *David Ducros/Esa: 128, Esa/eyevine /laif: 130 o.l., Esa: 130 o.r., 130 m.r., DPAC/Gaia/Esa: 130 m.l., UW Madison/R. Hurt/JPL-Caltech/Nasa: 132*

BILDERSTRECKE JAMES WEBB *STScI/CSA/Esa/Nasa: 134-142; Illustration: Illuteam 43: 143*

WILLIAM SHATNER *Nasa: 144 u.l., Maarten de Boer/NBCUniversal via Getty Images: 145 o.l.*

WELT VON GEO *PR (2): 146*

Tiefer *Blick* ins Universum

Vor wenigen Monaten erst hat das James-Webb-Weltraumteleskop seine Arbeit aufgenommen, und schon jetzt geben uns seine fantastischen Bilder ungeahnte Einblicke in die Wunder unseres Kosmos und weit entfernter Galaxien

Texte: **Lara Hartung**

WO STERNE GEBOREN WERDEN
Es ist eine Aufnahme wie aus »Star Trek«, jedoch echt. Vor dem Hintergrund unzähliger funkelnder Sterne stechen im sogenannten Adlernebel mehrere Formationen in den Raum wie die Finger eines alten Zauberers. »Säulen der Schöpfung« nennen Forschende diese 6500 Lichtjahre entfernten Gebilde, in dem neue Sonnen entstehen. Wie bei allen anderen Aufnahmen macht Infrarot-Technik diese Welt für uns sichtbar, die sonst hinter Staubwolken verborgen bliebe

EIN JÜNGLING IM ALL
Im Sternbild Stier entstand diese Aufnahme des – hier farbig dargestellten – Dunkelnebels L1527. Seine Form erinnert an eine Sanduhr, und in deren Mitte befindet sich ein gerade mal rund 100 000 Jahre alter Protostern. Er zieht immer mehr Materie an, bis irgendwann in seinem Inneren eine Kernfusion zündet und er auf diese Weise selbst Energie freisetzt

DER SCHÖNE TOD
Wenn Sterne sterben, senden sie kosmischen Staub und Gase aus. Dieses Phänomen beobachtete das Weltraumteleskop in einem etwa 2500 Lichtjahre entfernten planetaren Nebel mit dem technischen Namen NGC 3132, populär: Südlicher Ringnebel. Die Forschung will hier mehr darüber erfahren, wie Sonnen ihre Umgebung formen

FAST ZURÜCK BIS ZUM ANFANG
Eines der ersten Bilder aus dem All, die Forschende vom Weltraumteleskop veröffentlichten, reicht weit in die kosmische Geschichte zurück. Es zeigt Tausende von Galaxien in teils unfassbar weiter Entfernung. Einige davon gehören zu den ältesten dokumentierten Galaxien des Universums: Ihr Licht stammt aus einer Zeit vor rund 13,5 Milliarden Jahren!

STELLARER KINDERGARTEN
Im Tarantula-Nebel, 161 000 Lichtjahre von uns entfernt, befindet sich die größte und hellste Sternbildungsregion in unserer näheren kosmischen Umgebung. Im Herz des Nebels leuchten strahlend blau dargestellt unzählige junge, sehr heiße Sonnen. Ihre massive Strahlung hat Gas und Staub um sie herum hinweggeblasen und so eine Art Höhle geformt

EIN WIRBEL VON STAUB UND LICHT
Im Sternbild Fische befindet sich die Phantom-Galaxie. Sie ist 32 Millionen Lichtjahre von der Erde entfernt und steht in einem solchen Winkel zu ihr, dass die Astronomie sie besonders gut beobachten können. Die neuen Bilder zeigen in viel größerem Detail als frühere die hell leuchtenden Regionen, in denen gerade Sterne in großer Zahl entstehen

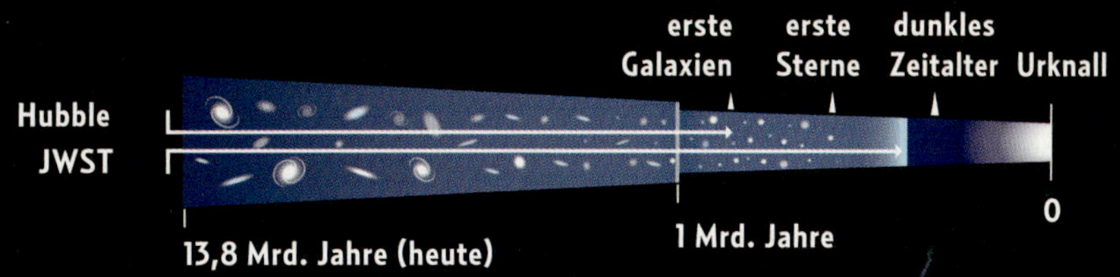

Zurück bis zum Anfang

Das JWST soll bis in die Zeit 200 Millionen Jahre nach dem Urknall zurückblicken

Wie das Teleskop das All sieht

Das James Webb Space Telescope (JWST) ist auf den Empfang von Infrarotstrahlung spezialisiert, auch bekannt als Wärmestrahlung. Seine Kameras können durch Staubwolken hindurchblicken und erkennen Objekte auch dann, wenn sie nur sehr schwach glimmen.

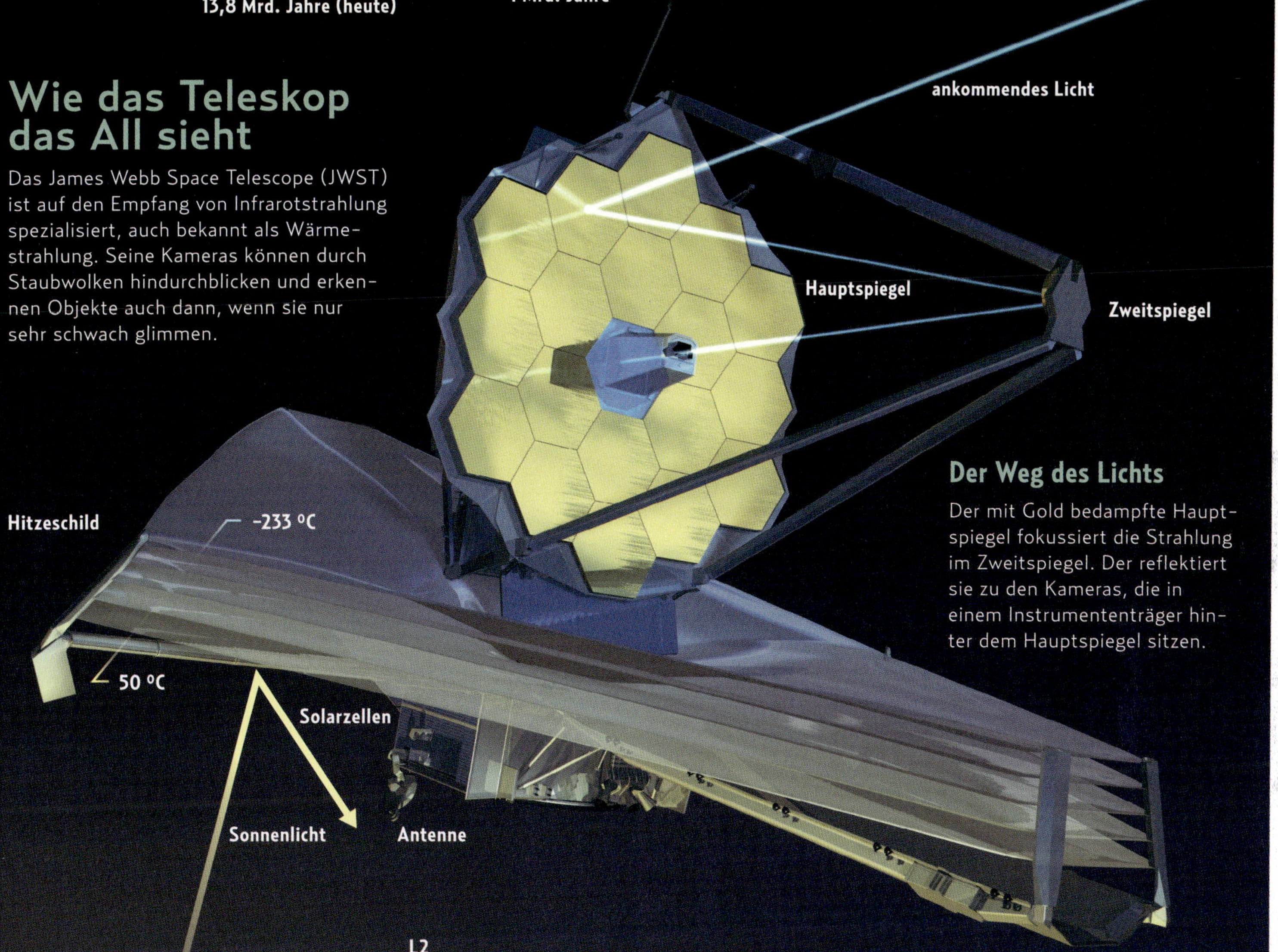

Der Weg des Lichts

Der mit Gold bedampfte Hauptspiegel fokussiert die Strahlung im Zweitspiegel. Der reflektiert sie zu den Kameras, die in einem Instrumententräger hinter dem Hauptspiegel sitzen.

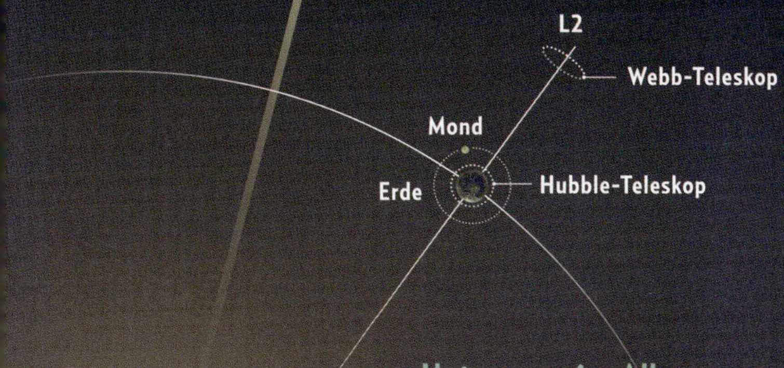

Unterwegs im All

Das Teleskop kreist um den Lagrange-Punkt L2, der 1,5 Millionen Kilometer von der Erde entfernt ist. In dieser Position hat es Sonne und Erde stets »im Rücken«.

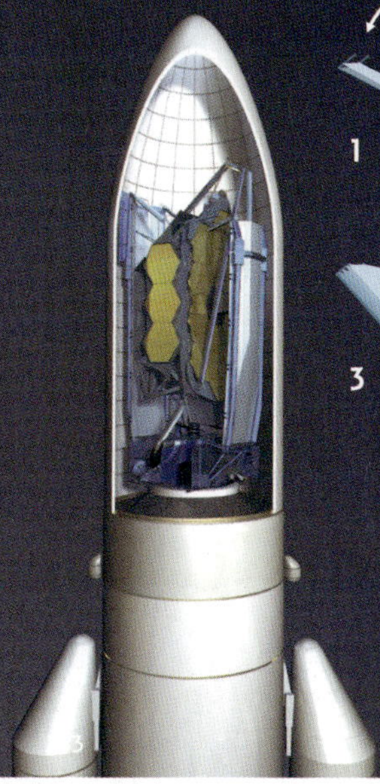

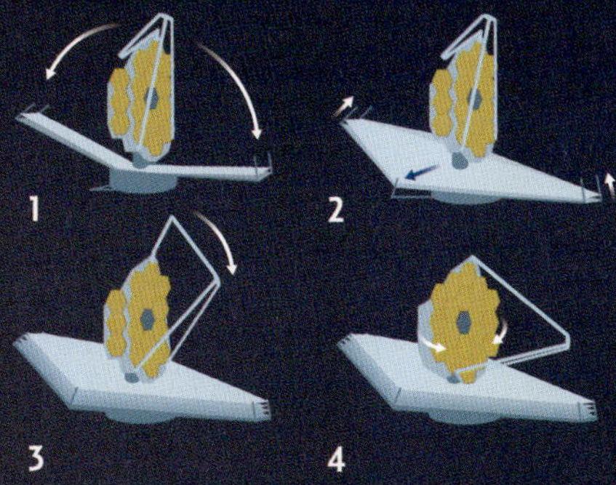

Raumschiff-Origami

Um in die Ladebucht der »Ariane«-Trägerrakete zu passen, musste das Teleskop gefaltet werden. Im All spannte sich der Sonnenschild dann auf, der Zweitspiegel klappte aus, und die Seitenteile des Hauptspiegels drehten sich nach vorn.

»Tiefste Dunkelheit und einladende Wärme«

Kein Himmelskörper, den wir gegenwärtig oder in absehbarer Zukunft mit Raumschiffen erreichen, bietet lebensfreundliche Bedingungen – außer der Erde

Der kanadische Schauspieler William Shatner befehligte in einer Fernsehserie und mehreren Kinofilmen fast dreißig Jahre lang als Captain James T. Kirk das Raumschiff „Enterprise" (im Original liefen die Filme unter „Star Trek"). 2021 nahm er als bislang ältester Weltraumtourist an einem rund zehnminütigen suborbitalen Flug (gut hundert Kilometer Höhe) des privaten Unternehmens Blue Origin teil. Über das Erlebnis schrieb Shatner in seinem Buch „Boldly Go: Reflections on a Life of Awe and Wonder"

• • •

Im Alter von neunzig Jahren machte ich eine Erfahrung, die mein Leben veränderte. Nachdem ich jahrzehntelang im Film eine Science-Fiction-Figur gespielt hatte, die das Universum erforscht und dabei Kontakt zu vielen verschiedenen Lebensformen und Kulturen aufnimmt, flog ich tatsächlich in den Weltraum. Ich dachte, ich würde ein ähnliches Gefühl wie mein Filmcharakter erleben: ein Gefühl tiefer Verbundenheit mit der Unermesslichkeit um uns herum, den inneren Drang nach nie endender Erkundung. Den Drang, wirklich so kühn zu sein und dorthin zu gehen, wo noch niemand zuvor gewesen war.

Ich lag vollkommen falsch. Was ich fühlte, war völlig anders. Ich wusste: Viele vor mir hatten beim Blick aus dem Orbit auf unseren Planeten ein eindringliches Gefühl von Fürsorglichkeit empfunden, ergriffen von der offensichtlichen Zerbrechlichkeit dieser schwebenden blauen Murmel. Das spürte ich auch. Aber das Gefühl, das alles andere bei Weitem übertraf, war die tiefste Trauer, die ich je erlebt hatte.

Als ich den Blick von der Erde ab- und der Tiefe des Universums zuwandte, stellte sich bei mir kein Gefühl einer inneren Verbundenheit ein, übte das All keine Anziehung auf mich aus. So deutlich wie nur möglich erkannte ich, dass wir auf einer winzigen Oase des Lebens sitzen, umgeben von toter Unermesslichkeit. Ich sah keine unendlich vielen Welten, die es zu erkunden gab, keine Abenteuer, die zu bestehen wären, und keine Lebewesen, zu denen wir Kontakt aufbauen könnten. Ich sah nur die tiefste Dunkelheit, die ich mir je hätte vorstellen können, in krassem Gegensatz zur einladenden Wärme des Planeten, der uns als Heimat dient und der uns nährt.

Es war ein überwältigendes Erwachen für mich. Es erfüllte mich mit Traurigkeit. Mir wurde klar, dass wir Jahrzehnte, wenn nicht Jahrhunderte besessen waren, wegzuschauen, nach draußen zu schauen. Ich habe meinen Teil dazu beigetragen, die Vorstellung populär zu machen, dass der Weltraum unendliche Weiten böte. Aber ich musste in den Weltraum reisen, um zu verstehen, dass die Erde unser einziges Zuhause ist und bleiben wird. Und dass wir es unerbittlich verwüsten und so unbewohnbar machen.

Im März strahlt *ntv* die **»Lange Weltraum-Nacht« von GEO aus.**
Mehr Infos finden Sie unter geo.de/astro

GEO WISSEN GESUNDHEIT

Die Heilkraft der Bewegung

Wie uns Sport gesund erhält

Körperliche Aktivität tut auf vielfältige Weise gut. Sie stärkt das Immunsystem. Knochen, Gelenke und Organe werden gekräftigt, der Blutdruck sinkt, der Körper lagert weniger schnell Fett ein, das Herz-Kreislauf-System wird belastbarer. Viel Bewegung zögert sogar geistige Alterungsprozesse hinaus. Die neue Ausgabe enthält zahlreiche Anregungen zu gängigen wie ungewöhnlichen Sportarten und was die Forschung über deren spezifische Effekte weiß. Damit es leicht fällt, den inneren Schweinehund zu überwinden – und loszulegen.

GEO WISSEN GESUNDHEIT »Die Heilkraft der Bewegung« hat 148 Seiten und kostet 12,50 Euro. Weitere Themen: Wandern – das »Medikament« ohne Nebenwirkungen • Übergewicht: Ein neuer Blick auf die Kalorie • Kickboxen: Nicht nur für harte Kerle

HINWEIS FÜR IHR ABONNEMENT

Ihre Lese-Garantie

Sicher haben Sie mitbekommen, dass die Versorgungslage durch die aktuelle Krise immer schwieriger wird. Wir möchten uns auf den Fall vorbereiten, dass eine Ausgabe aus technischen Gründen nicht gedruckt werden kann. Auch wenn das Risiko gering ist, lässt es sich aktuell nicht gänzlich ausschließen. Im Fall der Fälle möchten wir Sie deswegen gern schnellstmöglich per E-Mail darüber informieren und Ihnen mitteilen, wie Sie ganz bequem – und für Sie selbstverständlich auch kostenlos – auf digitale Ausgaben zugreifen können. Dazu benötigen wir Ihre aktuelle E-Mail-Adresse. Diese können Sie uns unter geo.de/Lese-Garantie online mitteilen, oder Sie scannen den unten stehenden QR-Code.

Wir hoffen, dass dieser Fall nicht eintritt, und bedanken uns für Ihre Mithilfe.

GEO WISSEN

Aufhören – und neu anfangen

Die Kraft des Loslassens

Einen Schlussstrich ziehen? Sagen, dass man nicht mehr kann oder nicht mehr möchte, dass man womöglich gescheitert ist? Wie kann das gelingen? Für die neue Ausgabe von GEO WISSEN hat die Redaktion nach Antworten gesucht: Eine Vielzahl von Interviews, Reportagen und Wissenschaftsreports berichtet von Wegen zu einem guten Ende. Denn gelungenes Aufhören ist eine Lebenskunst, die sich einüben und nicht hoch genug wertschätzen lässt. Und sie ist wichtig, um einen Neubeginn wagen zu können.

GEO WISSEN »Schluss jetzt! Aufhören lernen und neu anfangen« hat 148 Seiten und kostet 11 Euro. Einige Themen: Das nützliche Gefühl der Reue • Wie Abschiede gelingen • Mit Ritualen Übergänge gestalten • Eine Therapie gut beenden